STEW
異國風燉菜燉飯

跟著味蕾環遊世界家裡燉

Stews, Soups, Salads and
One-Pot Meals

朱雀文化

喜歡燉菜的理由

喜歡燉暖暖的一鍋，在又濕又冷的冬天；喜歡燉豐富的一鍋，在只有一個人吃飯時；喜歡燉簡單的一鍋，在分身乏術又沒時間；喜歡燉營養的一鍋，在身體心靈都需要被支持；喜歡燉慢慢的一鍋，在空氣瀰漫著香味的廚房；喜歡燉爛爛的一鍋，在所有食材都歡喜融合之後。

「燉」是一種加入湯汁慢慢烹煮的料理方式，通常是先將辛香食材（如蔥、薑、洋蔥、大蒜……等）爆香，再將主要食材加入略炒，再加入湯汁和調味香料以小火慢慢煮到食材入味軟熟。不同的文化與地方都有慣用的食材，但通常以肉類、海鮮、蔬菜、蕈菇、豆類、堅果或新鮮水果與果乾為主角，也因為是長時間的燉煮，所以肉類可以挑選質地或部位較粗硬的，而蔬菜也以根莖類較耐煮的較適合。

「燉」也是一種健康的烹調方式。首先燉菜主要是靠湯汁沸騰加熱，因此溫度不會過高，基本上不超過攝氏100度，所以不會因為加熱過度產生有害的致癌物質。再者，燉菜中的食材經過長時間小火燉煮後，食材會變得比較柔軟，且更容易消化吸收。而燉菜所需要的烹調時間長，使得各種調味香料能夠充分地與食材融合入味，讓味道更為豐富美好。更理想的是：燉菜需要加蓋慢煮，可以隔絕鍋外空氣，因此食材中的大部分抗氧化成分可以得到保存。曾有研究發現，燉煮兩個半小時以後，連肉中的膽固醇都會大幅下降，有益的不飽和脂肪酸卻會增加。而且燉菜多是連食材和湯汁一起食用，營養成分得以完全吸收不會流失。

要燉煮出那麼一鍋美好的滋味，看似簡單，其實又沒那麼簡單，就像生命——不同的情和愛、難忘或遺忘的時光、歡愉或苦澀的淚水，在時間的熬煮下融合出此刻的自己……。多花些時間吧！為自己和愛你的人慢慢燉煮一鍋美好的滋味！

金一鳴

燉菜的七大心法

1　蔬菜切大塊可以保住美味：燉煮時所有食材以切大塊為主，較不會流失美味，且外形不易變。另外，切蔬菜用滾刀切，切面多才易煮入味，且大小最好一致，烹煮起來熟度也才容易一致。

2　挑選適合的鍋具：可縮短烹煮時間又能留住原味，一般以厚重金屬鍋具或砂鍋、陶鍋為佳，這些鍋具有聚溫的功效，可均勻加熱鍋內食材，並逼出食材美味。

3　燉菜多以葷菜為主角：比如雞、鴨、牛肉、羊肉、禽畜的腳蹄、內臟和海參、魷魚等海鮮乾貨。這些原料含有豐富的營養成分，只是較不容易吸收，長時間燉煮能讓它們的營養成分充分溶出，更好被人體利用。

4　燉菜的水分拿捏：燉菜是以水分不斷滾煮讓食材煮熟，又不像湯品完全喝湯，因此湯水只要淹過食材即可。一般說來，烹煮肉類，水淹過5公分，若蔬菜類多，則以水淹3公分即可。

5　高湯讓燉菜的味道更鮮美濃郁：燉煮時加入的湯汁多以事先熬煮的高湯為佳，高湯的種類則以燉菜的主要食材來選擇，如主要食材是牛肉，那當然最好加入牛肉高湯，其次是其他畜類的高湯（如豬骨高湯），而雞高湯由於較常見而且味道較溫和，因此可適合搭配不同的食材一起燉煮。

6　燉菜的先後順序：如果不在乎燉出一鍋爛糊但美味的燉菜，將所有食材全部一起加入燉煮，是最省事的懶人料理法，但基本上是先加入需要較長時間烹煮的食材，較易熟軟的食材可在中後期加入，如果更講究可依食材特性先分開烹煮，再混合並加入湯汁一起燉煮入味。

7　食材的種類與搭配：燉煮食材的多樣與搭配性，會影響燉菜味道的豐富與和諧，食材份量太少也不容易燉出好滋味。

目錄
Contents

part 1
開胃小菜

part 2
經典燉菜

part 3
經典燉飯

part 4
經典燉湯

*閱讀本書食譜之前，先瞭解本書使用的計量單位
1. 1大匙=15c.c.
2. 1小匙=5c.c.
3. 1杯=240c.c.
4. 1ml=1立方公分=1c.c.

認識食材、調味料和自製高湯

要做出好吃的燉菜，你可少不了這些畫龍點睛的好材料！以下是本書食譜中的幾種特別食材，像「新鮮、乾燥香草＆香料類」、「油＆醋＆酒類」等等，可以在一般超市、專賣進口食材的店購買或者花草市集中購得。此外，**p.11**中還有高湯的自製法，可根據你製作的料理的主食材來決定使用的高湯種類，例如：海鮮鍋則用魚高湯，如果是蔬菜料理的話，可以使用雞高湯。

百里香
品種繁多，「檸檬百里香」是味道較易被大家接受的品種。可用作泡茶、烹調、釀酒等用途。還具有防腐、消炎等療效。

平葉巴西里
又稱荷蘭芹、歐芹或洋香菜，是西式料理中常見的香草植物，可增香去腥，並有豐富維生素，可提升免疫力。

奧勒岡
又稱「牛至」，生命力強易栽種。多用於料理、薰香及沐浴用品；亦具有抗菌、安神等藥效。

迷迭香
葉片有樟腦的氣味，可以驅蟲；製成精油用於沐浴薰香，有提神醒腦的功能。在烹飪上適合加入肉類料理或浸於油、醋中增香。

紅紫蘇
葉形大呈橢圓，葉緣有明顯的鋸齒狀；常用於製作醬汁、泡茶以及醃漬食品。

青紫蘇
紫蘇顏色有綠色、紫紅色兩種，味道略有不同，多用於製作醬汁、泡茶以及醃漬食品。

鼠尾草
別名醫生香草，具有抗菌、防腐、促進消化、通經活血等療效；用在烹調上則可搭配海鮮、肉類食用，或是製成糕餅。

薄荷
具有清涼芳香的氣味，具有提神醒腦、消炎鎮痛的藥效；廣泛運用於食品添加、料理及日常生活用品。

蒔蘿
屬於西洋芹科，多用於魚類料理，也可加於湯、蛋或調味醬中。種子的味道辛辣。

彩色胡椒

胡椒的果實與種子通過不同的加工方法，可以得到黑胡椒、白胡椒、綠胡椒以及紅胡椒，香味略有不同。

乾燥迷迭香

買不到新鮮的迷迭香時，可使用乾燥的製品來取代，功用相同。但記得使用完後要關緊瓶蓋，放在陰涼處或冰箱存放。

黑胡椒

果實在曬乾後通常作為香料和調味料使用，是全世界使用最廣泛的香料之一。味道刺鼻辛辣。

乾燥巴西里

巴西里乾燥後製成，比較容易保存，隨時都可以使用。適合搭配的料理和新鮮巴西里相同，也可以用作裝飾。使用完後要關緊瓶蓋，放在陰涼處或冰箱存放。

肉桂棒

肉桂樹的內層樹皮經曬乾後可製成棒狀或磨成粉。肉桂具有甘甜的木質清香，多與甜食料理搭配；喝咖啡時，也可用肉桂棒來攪拌增添香味！

乾燥奧勒岡

乾燥的奧勒岡，一般買到的是碎狀，用法同新鮮的香草，適合烹煮肉類料理。使用完後要關緊瓶蓋，放在陰涼處或冰箱存放。

小茴香籽

小茴香又稱「孜然」，常用於羊肉料理，香味濃郁。

肉桂粉
肉桂棒磨成粉狀，可用來烹調或製作甜點。使用完後要關緊瓶蓋，放在陰涼處或冰箱存放。

薑黃粉
顏色鮮黃，香味濃郁，也是咖哩粉中的重要香料，具有消炎、抗老化等功能。

西班牙紅椒粉
是一種以燈籠椒加上數種辣和甜的辣椒粉所製成，主要用在米飯、燉煮的食物和湯的調味。

咖哩粉
咖哩粉是一種混合式香料，可用來醒胃提神和增進食慾。因配方不同種類繁多，道地的印度咖哩由辣椒、芥末籽、薑黃粉、胡荽籽、小茴香籽、葫蘆巴籽及新鮮的咖哩葉等基本材料組成。

芫荽粉
芫荽粉也叫香菜粉，是做烤肉串、咖哩醬時常用到的調味料。

薑母粉
具有刺激性辛辣味，可供肉類去腥使用，可取代生薑。

匈牙利紅椒粉
是利用紅甜椒製成的粉末狀香料，有著濃郁的香氣及鮮豔的紅色，味道不辣，略帶甜味。主要用於調味或調色裝飾上。

番紅花
香味特殊，泡水後溶出金黃色澤，因每一朵花裡僅有三四絲的雌蕊部分製成，摘取費工，因此成為極昂貴的香料。

Marsala酒

是一種添加了些許蒸餾酒的Fortify wine（加烈葡萄酒），酒精度約17～19%，酒色呈琥珀色，口感厚實醇美。據說在18世紀時，為了使葡萄酒不因長途運送而產生變質，於是在酒中添加白蘭地，意外促成了Marsala酒的誕生。

義大利陳年葡萄醋

又稱「巴薩米可醋」(Balsamic Vinegar)，是義大利經典食材之一。其製作方法和紅酒醋大不相同：是以二次濃縮的新鮮葡萄汁在90℃熬煮24小時，耗掉約1/3的水分。熬煮的過程能使葡萄汁液的糖分及酸度提高，得到果香濃郁的濃縮葡萄汁。適合做為沾醬、調味使用。

蕃茄糊Paste

也有人將它翻成「蕃茄配司」，但一般翻為「蕃茄糊」。它是將熟蕃茄經數小時的慢火攪煮得到的濃稠果泥，在大超市或百貨公司的附設超市都可以買到。

橄欖油

由橄欖榨製而成，地中海沿岸的氣候非常適合橄欖生長，因此95%以上的橄欖油也產自這地區，橄欖油依初榨至五榨來決定等級，初榨冷壓的橄欖油等級和營養價值最高。好的橄欖油色澤呈綠色，多了一份很濃厚的花果樹木香，有份獨特的滋味。

白酒醋

是以還沒成熟的白葡萄與香料、醋菌釀造製成，採用短期發酵釀造，沉澱去水，無年份分別。醋味淡，甜度較低，這是與較甜的紅酒醋最大的不同。白酒醋味道溫和，大多做成沙拉醬，或與鹽、胡椒等調和製成油醋醬或作為雞肉或魚等白肉類或涼拌菜的調味醬汁。

紅酒醋

是用一般天然紅葡萄、香料、醋菌發酵釀造出的酒醋，也是短期發酵釀造，沉澱去水；適合搭配料理肉品調味，在西式料理中最常見到與橄欖油混合做成油醋汁，廣泛應用於像沙拉、烤肉醬、醃牛排……各式餐點中。

第戎芥末醬

傳統法國芥末醬有4種，但以產於勃艮第的第戎 (Dijon) 芥末醬最為人熟悉，Dijon mustard 適合與各式食物搭配，其中又以肉類最適配。法式Dijon芥末醬是由去莢後的褐色芥菜籽製成，辣味較強，和羊肉、牛肉、豬肉的搭配十分契合。

高湯做法

✱ 豬高湯

材料
豬大骨2支、清水2,000c.c.

做法
1. 豬大骨以清水洗淨，放入滾水中汆燙去除血水，再取出以清水清洗。
2. 鍋中倒入水和豬大骨，煮滾，一邊煮一邊用濾網撈除湯表面的浮沫，再轉小火熬煮1小時，至湯色變濃。
3. 用濾網濾出高湯，稍微用勺子壓榨一下湯料使高湯流出。約可煮出1,500c.c.的高湯。等湯汁涼了放入冰箱冷藏1～2小時，等表面油脂凝結後，刮除油脂即可。

✱ 牛高湯

材料
牛骨1,000g.、紅蘿蔔1/2支、洋蔥1/2顆、芹菜連葉1/2支、黑胡椒粒4粒、月桂葉1片、巴西里適量、清水3,000c.c.

做法
1. 烤箱預熱220℃，牛骨放在烤盤裡進烤箱烤20分鐘，加入其他切成大塊的蔬菜，再烤20分鐘。
2. 取出所有材料，濾掉所有汁液。將濾掉汁液的材料放入高湯鍋，再加入水，煮滾，除去水面上的雜質。轉小火煮3～4小時，一邊煮一邊除去水面上的雜質。
3. 用濾網濾出高湯，稍微用勺子壓榨一下湯料使高湯流出。約可煮出1,500c.c.的高湯。高湯放涼後放入冰箱冷藏，除去表面凝結的油脂即可。

✱ 雞高湯

材料
雞胸骨6付、胡蘿蔔1/2支、洋蔥1/2顆、芹菜連葉1/2支、黑胡椒粒4粒、月桂葉1片、巴西里適量、清水3,000c.c.

做法
1. 雞胸骨以清水洗淨，放入滾水中汆燙去除血水，再取出以清水清洗。蔬菜都切成大塊。
2. 全部材料加入高湯鍋，並放入水。煮滾，除去水面上的雜質。轉小火煮2～3小時，一邊煮一邊除去水面上的雜質。
3. 用濾網濾出高湯，稍微用勺子壓榨一下湯料使高湯流出。約可煮出2,000c.c.的高湯。等湯汁涼了放入冰箱冷藏1～2小時，等表面油脂凝結後，刮除油脂即可。

✱ 魚高湯

材料
白肉魚的魚骨1付、洋蔥1顆、韭菜1支、芹菜1支、黑胡椒粒6粒、月桂葉1片、檸檬1顆、清水2,000c.c.

做法
1. 魚眼以湯匙挖掉，將魚骨浸在鹽水裡10分鐘，瀝乾備用。所有蔬菜切小塊、檸檬擠汁，將所有材料放入鍋中，再加入水。
2. 大火煮滾後，除去水面上的雜質，轉小火煮20分鐘，而且要一邊煮一邊除去水面上的雜質。
3. 用濾網濾出高湯，稍微用勺子壓榨一下湯料使高湯流出。大約可以煮出1,500c.c.的高湯。

part 1
開胃小菜

從單純到繁複，
從light蔬菜水果到heavy魚肉海鮮，
小小一碟巧手慧心，
像餐桌上的精靈，
為你開啟盛筵的大門。
品嘗那精緻得令人感動的一小口，
終於領會齒頰留香、回味無窮是何滋味！

做法超簡單！

義大利
Italy

Basil & Tomato Salad
塔香蕃茄沙拉

蕃茄這個原生長於中南美洲的蔬果，飄洋過海來歐洲後，反而在義大利大紅大紫，不知道義大利國旗中的紅色是否跟蕃茄有關？這道非常簡單的沙拉裡還有綠色的羅勒葉，若再加上白色的瑪茲瑞拉起司，就湊齊義大利國旗啦！

材料（2～3人份）
小蕃茄10顆
九層塔葉1小把

調味料
檸檬汁1大匙
橄欖油1大匙
鹽、細砂糖、
黑胡椒適量

做法

1. 小蕃茄洗淨後對切，九層塔洗淨擦乾水分後切絲或切成碎末，攪拌後再以一片完整九層塔葉作裝飾。如沒有九層塔，可以使用九層塔乾料製作。。
2. 將小蕃茄、九層塔絲和所有的調味料拌勻即可。

烹調小秘訣

蕃茄越紅，茄紅素含量也越高，因此挑選蕃茄時，盡量選擇顏色鮮紅、表皮飽滿的；而且在料理加熱過程中，茄紅素更容易釋放出來，茄紅素本身是脂溶性的，因此在跟油脂一同烹煮時更易被吸收。

Mushrooms with Garlic & Basil

蒜香羅勒蘑菇

西班牙
Spain

蕈菇類居然和大蒜有遠親關係，也難怪它們的氣味如此相投，蕈菇含有一種叫菇酮的芳香物質，和大蒜所含的硫化物都能增添其他食材的風味。

材料（2～3人份）

蘑菇10朵
九層塔1小把
橄欖油1/2大匙
蒜仁2瓣
黑橄欖4顆

調味料

鹽、黑胡椒適量

做法

1. 先將蘑菇快速清洗外表後瀝乾水分，形體較大的切成1/2或1/4。
2. 九層塔洗淨，蒜仁、黑橄欖切片備用。
3. 橄欖油加入炒鍋中加熱，先加入蒜片爆香至略呈金黃色，再加入蘑菇拌炒至軟熟。
4. 加入九層塔、黑橄欖稍拌炒，再加入適量鹽、黑胡椒調味即可。

🥄 烹調小秘訣

1. 蘑菇若底部變黑時，表示不夠新鮮，可先用鹽水泡過，再泡冷水，擦乾後料理時就不會煮出黑黑的湯汁。
2. 蘑菇應選菇傘密實、沒有外傷、肉質肥厚的。有時菇面會呈微褐，不必擔心變質，如果過於白色，反而才可能是經漂白劑處理，不宜使用。

素食熱炒塔香撲鼻

Moroccan Orange & Carrot Salad

摩洛哥柳橙胡蘿蔔沙拉

在北非旱熱的土地上，葉菜類的蔬菜較不易取得，也讓根莖類的胡蘿蔔躍升為這道經典沙拉的主角。

夏日怡人酸甜果香

材料（2人份）

柳橙2個
中型胡蘿蔔2根
葡萄乾1大匙

調味料

檸檬汁1/2大匙
細砂糖1大匙
鹽適量
肉桂粉1小匙

做法

1. 柳橙去皮、除去外膜與籽，保留果肉；胡蘿蔔去皮刨成細條備用。
2. 將檸檬汁、細砂糖與鹽調勻，再與胡蘿蔔拌勻。
3. 最後將胡蘿蔔盛於盤中，擺上柳橙果肉片，最後撒上葡萄乾、肉桂粉即可。

🥄 **烹調小秘訣**

胡蘿蔔通常當配色蔬菜，一次使用不多，放在冰箱又容易因潮濕腐爛，可採用下列方式保存：

1. 在裝胡蘿蔔的塑膠袋上，刺幾個小洞，使空氣能在袋內流通，較不易因潮濕腐壞。
2. 去皮後切1公分左右的薄片，不必加熱直接冷凍，使用時不必解凍可直接煮湯，若要炒或做沙拉，半解凍即可。
3. 胡蘿蔔去皮、切塊，放進冰箱冷凍。待結成冰狀，再取出入水煮，等到胡蘿蔔浮起來，表示已經煮透，這也是胡蘿蔔快熟的小秘訣。

希臘
Greece

Lemon & Oregano with Potatoes
檸檬香草馬鈴薯

我一直很喜歡這樣簡單、方便的料理馬鈴薯，少許的橄欖油調味，就可以當作一道點心或前菜，要濃郁豪華就加些奶油、起司，手邊有什麼不同的香料就換換不同的異國風情。

做法

1. 將馬鈴薯外皮洗乾淨，不去皮直接切成瓣狀，泡水備用。
2. 將新鮮奧勒岡葉（也可改用其他方便取得的新鮮香草，如巴西里、九層塔、迷迭香……）洗淨，濾乾水分切碎，和橄欖油、檸檬汁、鹽一起跟馬鈴薯混合均勻，放入烤箱烤至表面焦黃即可。
3. 最後撒上起司粉即可。

材料（2人份）
馬鈴薯300g.
起司粉2大匙

調味料
新鮮奧勒岡1小束
特級橄欖油1小匙
檸檬汁1個份量
鹽適量

🥄 烹調小秘訣
馬鈴薯切片後先用鹽水浸泡一下，可防止變色；再以清水重覆清洗2~3次，將表面的澱粉質洗淨，讓色澤口感更白更脆！

來一口熱呼呼鬆軟香薯

泰國
Thailand

Papaya with Coriander/Banana with Coconut

芫荽木瓜&椰絲香蕉

木瓜和香蕉都是香味濃郁的熱帶水果，不過對我來說都過於甜膩，
加入酸酸的小金桔和檸檬汁後，卻有另一番酸甜的滋味！

水果入菜清爽宜人

芫荽木瓜

材料（2~3人份）

木瓜1/2顆

（約200g.）

小金桔汁100ml

香菜末1大匙

椰絲香蕉

材料（2~3人份）

香蕉2根

檸檬汁100ml

椰肉絲35g.

做法

芫荽木瓜

木瓜切成1公分小丁，和小金桔汁、香菜末
拌勻即可。

芫荽木瓜

香蕉切成1公分小丁，和檸檬汁、椰肉絲拌
勻即可。

🥄 **烹調小秘訣**

可挑選不要過於熟軟的木瓜和香蕉，切丁後
才不會軟爛不成形；香蕉切丁後要盡快拌入
檸檬汁才不會變色。

Jamon Roll with Banana
火腿香蕉卷

在西班牙小酒館發現這道**Tapas**，香蕉這個熱帶水果竟然和火腿如此完美
的奇妙融合了。

材料（2～3人份）
義大利生火腿4片
香蕉2根

做法
1. 香蕉去皮，將火腿卷繞香蕉。
2. 送進**200℃**的烤箱，烤約**5～10分鐘**或火腿微焦脆即可。

烹調小秘訣
西班牙火腿的風味就像佛朗明哥舞蹈般濃烈，不過在台灣較不易找
到，可用質地較柔軟與味道較溫和的義大利生火腿代替，不然就以
培根取代吧！

Zucchini & Salmon Bites

鮭魚櫛瓜

燻鮭魚是非常好用的西式食材，它獨特的煙燻味與綿密的口感廣為一般人接受，適用於不同的場合與料理，不管是三明治、沙拉、開胃前菜、炒飯或義大利麵都很適合。

做法

1. 將燻鮭魚切碎，再以切刀平壓成泥；奶油起司拌軟後再和鮭魚泥、酸奶拌勻。
2. 拌入切碎的蒔蘿末，加入適量的鹽、黑胡椒調味後，放回冰箱冷藏。
3. 將櫛瓜切成約2公分的小段，平底鍋加入少許橄欖油加熱，雙面稍微煎焦黃即可。
4. 最後將鮭魚起司泥置於櫛瓜上，裝飾新鮮蒔蘿葉。

🥄 烹調小秘訣

燻鮭魚常常和酸奶油、奶油起司、酸豆、洋蔥、蝦夷蔥、蒔蘿等食材搭配食用，最常見的就是將洋蔥絲或蝦夷蔥段包卷在鮭魚片中。不妨試試將燻鮭魚壓成泥再混合其他食材，稍作變化加以重新組合，就成了一道看似費工但做法簡單的開胃小品。

材料（2~3人份）

燻鮭魚60g.
奶油起司
(Cream cheese) 60g.
酸奶或優格30g.
新鮮蒔蘿
櫛瓜2條

調味料

鹽、黑胡椒適量

滑順多汁的
北歐燻魚風味

Baked Tuna with Pumpkin
鮪魚焗南瓜

南瓜特有的如絲絨般綿細滑順的奢華口感，和她散發溫和香甜的森林堅果味，非常適合搭配魚貝海鮮類。

希臘
Greece

漂亮的色澤最吸睛！

材料（2~3人份）
南瓜1/3個
小黃瓜1條
罐頭鮪魚肉80g.
美乃滋 1大匙
比薩起司絲適量

調味料
橄欖油、鹽、
黑胡椒適量

做法

1. 將南瓜分切成約7公分寬的等邊三角形，排放在烤盤上，淋上橄欖油、撒些鹽、黑胡椒，放入溫度200℃的烤箱烤15分鐘至南瓜稍軟取出；小黃瓜去皮去籽後切細丁備用。
2. 將罐頭鮪魚肉、小黃瓜丁和美乃滋拌勻，加入少許鹽、黑胡椒調味。
3. 最後將鮪魚餡鋪放在南瓜塊上，再蓋滿起司絲，放入烤箱中以200℃烤約10分鐘，或表面起司呈金黃微焦即可。

烹調小秘訣

南瓜中含豐富的胡蘿蔔素是脂溶性的維生素，因此在料理時加入油脂一起烹煮，可幫助其中營養成分釋出。

Shrimps with Garlic / Gambas al Ajillo

大蒜蝦

又是一道經典的西班牙國民**Tapas**，大概從北到南的小酒館都能見到。在橄欖油中煎得金黃的大蒜、黑紅的辣椒、粉紅油亮的蝦仁，簡單的食材卻有夠勁的風味！

簡單討喜的
鮮蝦小食

材料（2～3人份）

蝦仁12隻
蒜仁2瓣
辣椒1支
橄欖油2大匙

調味料

巴西里末1小匙
鹽、黑胡椒適量

做法

1. 蝦仁洗淨去腸泥；蒜仁切片，辣椒切片備用。
2. 橄欖油加熱，轉小火將蒜片、辣椒煎至稍金黃，再將蝦仁加入炒熟。
3. 巴西里加入稍微拌炒，再加鹽、黑胡椒調味即可。

🍴 烹調小秘訣

清洗蝦仁時，可先準備一碗清水，倒入少許醋，將蝦加入稍浸洗，取出擦乾水分後再料理，可使蝦仁色澤更美、口感更好。

Stuffed Tomato with Prawn and Avocado

酪梨鮮蝦蕃茄盅

蝦子是非常適合當做開胃小菜的食材，因為它的料理時間短，而本身味道
溫和鮮甜，容易和其他食材與醬料搭配。

材料（4人份）

牛蕃茄4個
白蝦8隻
酪梨1/2個

調味料

辣醬 (Tabasco) 數滴
檸檬汁1/2大匙
香菜末1小匙
橄欖油1小匙
鹽、細砂糖、
黑胡椒適量

做法

1. 牛蕃茄洗淨後切去尾端1/3，再以湯匙挖去剩餘2/3中間籽與果肉，僅留外備用。
2. 蝦仁洗淨處理後，放入滾水燙熟取出放涼；酪梨去外皮與籽後切成約2公分塊狀備用。
3. 將蝦仁、酪梨和所有調味料拌勻，以湯匙填入蕃茄盅即可。

🥄 **烹調小秘訣**

蝦仁洗淨後可加入少許鹽與米酒稍醃數分鐘，再放入冷凍庫冰凍20分鐘，取出後再下鍋料理，口感會更加爽脆。

紅豔豔可愛
破表啦！

Squid in Olive Oil & Lemon Juice
涼拌軟絲

活跳跳的生鮮軟絲直接做成生魚片生食，風味就非常鮮甜，所以越是當令在地的食材風味越讚，特別是新鮮的海味，只要簡單地蒸、煮、烤，調上少許新鮮檸檬汁、好鹽，就讓人讚不絕口！

酸溜溜的口感
開胃又提神

材料（2～3人份）

軟絲300g.
蒜仁1瓣
迷迭香1支
黑橄欖4顆
中型蕃茄2顆
橄欖油1大匙

調味料

檸檬汁1大匙
特級橄欖油1大匙
鹽、黑胡椒適量
巴西里末1小匙

做法

1. 將軟絲去除內臟、清洗乾淨後，切成約**2**公分小段；蒜仁切片；迷迭香剪成數小支，黑橄欖切圓片，蕃茄汆燙去皮切大丁。
2. 橄欖油倒入鍋中加熱，將蒜片與迷迭香加入爆香，再放入軟絲拌炒至變色至熟，取出軟絲放涼備用。
3. 最後將所有調味料拌入軟絲，再加入黑橄欖、蕃茄拌勻即可。

🍴 烹調小秘訣

食材新鮮是好吃的不二法門。選擇軟絲、小卷和花枝類海鮮的重點是檢查眼睛、吸盤與表面的顏色，身體要有彈性，眼睛要明亮漆黑，吸盤則要完整。

Squid with Tomato & Cheese
蕃茄起司小卷

希臘
Greece

一般海鮮料理時多使用白酒入菜,但既然是開胃前菜,為了刺激味蕾與胃口,來換換以紅酒、蕃茄、羊奶起司搭配的小卷吧!

材料(2～3人份)

小卷300g.
奶油50g.
紅酒50ml
蕃茄丁150g.
羊奶起司50g.

調味料

紅酒醋1小匙
鹽、黑胡椒適量

做法

1. 小卷清洗乾淨;蕃茄汆燙後去皮去籽切丁;起司也切成丁備用。
2. 奶油在鍋中加熱融化,將小卷放入煎約5分鐘。
3. 淋上紅酒煮約5分鐘,讓酒精揮發,加入蕃茄丁,繼續煮至湯汁收至濃稠,再拌入羊奶起司稍煮。
4. 最後加入紅酒醋,適量的鹽、黑胡椒調味即可。

🥄 烹調小秘訣

購買小卷時注意是否腥味重,如果腥味重表示不新鮮。新鮮的海鮮買回後立即冷凍,可保存一個月左右,但脂肪較多的魚類只適合保存一星期。但海鮮的事前處裡須特別仔細,冷凍前記得除去多餘的水分,也是冷凍的重點哦!

廚房飄香香
爵對好滋味

Mussels with a Parsley Crust

巴西里蒜香淡菜

西班牙
Spain

約好友來家裡吃飯聊天是件開心自在的事，又不想搞得自己油頭垢面、滿身大汗，挑些簡單又可事先準備的料理，當個輕鬆又稱職的主人吧！

爽口好吃讓你
食指大動

做法

1. 將冷凍的煮熟淡菜退冰備用，蒜仁切末。
2. 讓奶油在室溫下軟化或加入小鍋中加熱融化，與其他調味料拌勻，以湯匙將調味料填放在淡菜上。
3. 將淡菜排放在烤盤上，移入已預熱溫度200℃的烤箱中，烤約3分鐘即可。

烹調小秘訣

煮熟淡菜在大賣場都買得到。食用淡菜要注意先將蛤肉上看似毛毛的濾食嘴拔除再食用，台灣的孔雀蛤料理方式則會保存兩片殼，有利於食客用來夾住濾毛拔除。也有些餐飲業者會先為食客拔除，進口淡菜多在產地就先加工處理，並且僅剩單片殼盛裝。進口淡菜的最主要貨源是紐西蘭，因為紐西蘭的水質純淨，在那裡所生長的淡菜自然比較味美。

材料（2人份）
淡菜200g.

調味料
奶油1/2大匙
橄欖油1/2大匙
Parmesan起司末1大匙
新鮮巴西里末1大匙
蒜仁1瓣
黑胡椒1/2小匙

Vieiras de Santiago
聖地牙哥扇貝

西班牙
Spain

聖地牙哥是西班牙加利西亞地區最西北的城市,也是天主教朝聖之旅的終點聖城。加利西亞本來就有豐富的海鮮漁獲,而扇貝也是聖地牙哥的神聖象徵,在這座聖城中隨處可見到扇貝的圖騰。

手工繁複的精緻
海味前菜

做法

1. 洋蔥、蒜仁切末,蕃茄切碎;橄欖油加熱將洋蔥、蒜末炒軟,加入蕃茄煮10~15分鐘,加入少許紅椒粉、鹽調味後放涼備用。
2. 將做法1.的食材和1大匙的巴西里、柳橙汁,放入果汁機中打成泥備用。
3. 取奶油1大匙加熱,將扇貝肉加入煎煮,淋上白酒煮約5分鐘,將扇貝肉放回殼上,鍋中的煮汁拌入蕃茄泥中。
4. 將剩下的1大匙奶油加熱,加入麵包粉炒酥備用。
5. 最後將蕃茄泥倒在扇貝肉上,撒上麵包粉、巴西里,放入200℃的烤箱烤約3分鐘表面上色即可。

烹調小秘訣
有時間的話可自製麵包粉,只要將沒吃完或乾掉的麵包撕成小塊,放入烤箱中以中火(約150℃)烤至麵包塊脆硬金黃即可,待涼後放入食物處理機中打碎,或放入密封塑膠袋中以擀麵棍壓碎,密封放入冰箱中保存備用。

材料（4人份／1人2個）
橄欖油1大匙
洋蔥1/2個
蒜仁1個
罐頭蕃茄整顆100g.
新鮮巴西里末1½大匙
柳橙汁2大匙
奶油2大匙
扇貝8個
白酒1大匙
麵包粉3大匙

調味料
紅椒粉、鹽、
黑胡椒適量

Stuffed Mushrooms with Sausage
& Beef

香腸香菇盅

西班牙
Spain

東西方的飲食文化不約而同地利用了蕈菇當作容器，鑲上不同的內餡，或蒸或烤。試試發揮你的創意，創造出不一樣的組合吧！

薑相列錢味道噴香

做法

1. 香菇將尾端切去一些，排放在烤盤上，淋上橄欖油，撒上少許鹽、胡椒，在溫度200℃的烤箱先烤10分鐘，取出備用。
2. 洋蔥切末，牛肉、香腸切碎，和紅酒、麵包粉、蛋黃拌勻，再加入巴西里、鹽、胡椒調味。
3. 將肉餡以湯匙填塞在香菇上，將鼠尾草葉放在肉餡上裝飾，放入溫度200℃烤箱烤約10分鐘至肉餡熟即可。

🥄 烹調小秘訣

將肉餡填入前，可先撒些麵粉在香菇上，如此可幫助肉餡和香菇更不易分離。

材料（4人份）

新鮮香菇8朵
橄欖油1小匙
洋蔥1/4個
牛肉100g.
香腸100g.
紅酒1小匙
麵包粉1大匙
蛋黃1個
鼠尾草8片

調味料

巴西里1小匙
鹽、黑胡椒適量

part 2
經典燉菜

暖暖的爐火上煨煮著什麼，
噗噗的水蒸氣在厚實的鍋蓋邊唱小曲，
蹦出一個個帶香味的音符，
瀰漫在空氣中久久不散……
期待著、等待著的五臟六腑，
迫不及待地歡迎即將來臨的祭典，
牛豬雞羊還是魚？

Red Cabbage, Pear & Duck in Red Wine

紫高麗紅酒洋梨燉鴨

鴨肉是法國料理中常見到的食材，像燜鴨肉凍、燉鴨胸等等。這道菜中我用了鴨腿肉，並且加入葡萄酒、白蘭地以及香料燉煮，更能呈現這道料理的豐富性。

法國
France

法國餐廳招牌菜
在家自己做！

做法

1. 培根、洋蔥、紫高麗菜都切成約1公分的條狀；蒜仁切片；西洋梨削除外皮後對切，去核。
2. 橄欖油倒入平底鍋中加熱，先放入鴨腿，煎至兩面都呈焦黃，取出。
3. 將奶油倒入另外的燉鍋中加熱融化，先放入培根炒香，續入洋蔥、蒜仁爆香，最後再加入紫高麗菜拌炒。
4. 加入高湯、紅酒、月桂葉、鴨腿、西洋梨煮開，然後轉小火燉 **1.5小時**，或者至鴨肉軟爛。燉煮過程中如果湯汁過乾，可再加入些許高湯，但燉煮時西洋梨一旦煮成紅酒色，記得要先取出西洋梨。
5. 最後加入白蘭地、紅酒醋燉煮5～10分鐘，待酒精揮發，再加入檸檬汁、蜂蜜、鹽、黑胡椒調味，並以新鮮香草裝飾即可。
6. 食用時，可搭配紅酒洋梨一起品嘗。

🥄 烹調小秘訣

1. 溫體雞、鴨肉可以泡在加了鹽的啤酒中去除腥味，如果是冷凍的可浸泡薑汁幾分鐘，可去除冰箱異味；玉米粉則可幫助軟化肉質。
2. 高麗菜又稱甘藍菜，原產地在歐洲，據說在日據時代日本為了要大力推廣在台灣種植，宣稱威猛高大的韓國人就是常吃高麗菜，因此有了高麗菜的俗稱。紫高麗菜大多用在生菜沙拉的食材，不僅顏色漂亮，更是營養價值豐富的蔬菜。

材料（4人份）

鴨腿2隻
培根60g.
大洋蔥1/2個
紫高麗菜1/4個
蒜仁2瓣
西洋梨2個
橄欖油少許

調味料

高湯（見p.11）250c.c.
奶油2大匙
紅酒250c.c.
月桂葉1片
白蘭地2大匙
紅酒醋1½大匙
檸檬汁1/2個份量
蜂蜜5大匙
鹽、黑胡椒適量

Pig Foot in Beer

啤酒燉豬腳

啤酒與豬腳都是德國的特產，沒想到它們也是料理的好朋友，
因為啤酒裡的小蘇打成分，能軟化肉質與去油，特別適合燉煮
較多油脂的肉類，讓燉肉更加甘甜油亮喔！

絕讚酒館氣息
歐風豬腳

做法

1. 洋蔥切丁；蒜仁切末；青椒去籽切丁；蕃茄去皮去籽切丁備
   用。
2. 橄欖油加熱，先將洋蔥、蒜末炒軟、再將豬腳加入，煎5分鐘
   使表皮變色。
3. 將啤酒、第戎芥末醬、紅酒醋、紅椒粉加入燉煮1小時至豬腳
   變軟。
4. 再將青椒、蕃茄丁加入繼續燉煮大約20分鐘，最後以鹽、黑胡
   椒調味。

材料（2～3人份）

洋蔥1個
蒜仁1瓣
豬腳600g.
橄欖油2大匙
青椒1個
蕃茄丁200g.

調味料

啤酒600ml
第戎芥末醬1/2大匙
紅酒醋1小匙
紅椒粉1/2小匙
鹽、黑胡椒適量

 烹調小秘訣

1. 燉豬腳時加入適量醋，可讓
   豬腳分解出鈣與磷，還可幫
   助其中的蛋白質易被人體吸
   收。
2. 可樂跟啤酒都有相同作用，
   還可縮短燉煮時間。

Creamy Aubergine and Mushrooms

奶汁茄子燉什菇

茄子和蕈菇都屬於森林系的食材,散發出大地泥土的氣味,在
牛奶好朋友的拉攏下,當然就一見如故了!

奶味香濃滑順可口

做法

1. 洋菇對切;茄子切約1公分斜片,泡在水中備用,再將茄子置
   於鍋中乾炒5分鐘。
2. 奶油在鍋中加熱融化,加入對切的洋菇與茄子煮10分鐘,高湯
   加入後再煮15分鐘。
3. 先加鹽、黑胡椒調味,再加入鮮奶油煮至沸騰前熄火,拌入1
   大匙的巴西里末,盛盤後再撒上剩餘的巴西里末。

🥄 烹調小秘訣

1. 茄子切後泡水可防止變黑,
   料理前先乾炒去除茄子的水
   分,可減少料理茄子時的用
   油量;另一個去茄子水分的
   方法是可以用鹽先醃過。
2. 這道料理的另一個做法:茄
   子削皮後切成約5公分長1公
   分寬的長條,將茄子放在盤
   中,撒上鹽,蓋上乾淨抹布
   靜置30分鐘,將茄子放在抹
   布中擠出內含水分,再接著
   上列做法2繼續。

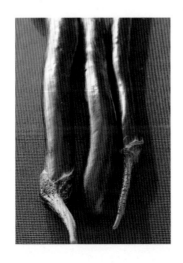

材料(2~3人份)

茄子2條
奶油50g.
洋菇100g.(1½杯)
巴西里末 2大匙

調味料

牛肉高湯(見p.11)50ml
鮮奶油100ml
鹽、黑胡椒適量

Stewed Ribs with Brandy & Date

白蘭地蜜棗燉子排

法國 France

醇厚的白蘭地酒香和甜蜜的果實芬芳，都完全融入軟嫩的肋排中。

來一客甜蜜蜜
果香風味餐！

做法

1. 小排和玉米粉、橄欖油、米酒拌勻醃1小時以上，小洋蔥去皮備用。
2. 小排沾上一層薄薄的麵粉，橄欖油鍋中加熱，煎至小排表面微焦黃。
3. 加入蜜棗、紅酒、月桂葉、百里香、高湯，大約燉煮40分鐘或至肉軟。
4. 再將小洋蔥、奶油、蜂蜜、白蘭地加入，繼續燉煮20分鐘，最後以鹽、黑胡椒調味。

材料（2～3人份）

小排600g.
玉米粉1/2大匙
橄欖油1/2大匙
米酒1/2大匙
麵粉適量
橄欖油1/2大匙
蜜棗8顆
小洋蔥200g.
紅酒150ml
月桂葉1片
百里香1小把
高湯（見p.11）150ml
奶油1大匙
蜂蜜1大匙
白蘭地2大匙

調味料

鹽、黑胡椒適量

烹調小秘訣

1. 燉肉時，如果肉沒有事先汆燙或煎過表面，要加入煮開的滾水，如此肉的表面燙熟，才可將鮮味留在裡面；如果是醃過、處理過的肉則可加冷水燉煮。
2. 蜜棗乾在一般超市或中藥行都可買到，由於它含有豐富果膠，廣東煲湯常喜歡加入，可以增添湯頭的香甜和濃稠；西式糕點中也常見，但用於烘焙時，一般會先浸入酒或水中泡軟。它也是風行一時的瘦身飲料「玫瑰蜜棗茶」的主角喔！

Hungary Beef Stew
匈牙利牛肉

匈牙利
Hungary

匈牙利的料理以肉類為主，特別是豬肉與牛肉。在這道燉菜裡，匈牙利的主要食材都出現了——紅椒粉、牛肉、胡蘿蔔、馬鈴薯，也難怪它成了國菜。

火紅肉汁濃郁
好味道

做法

1. 胡蘿蔔、馬鈴薯去皮，和洋蔥、牛肋條切成約4公分塊；蒜仁切末；罐頭蕃茄切碎備用。
2. 奶油加熱融化，先將牛肉塊表面煎微焦黃後取出，再炒香洋蔥、蒜末。
3. 再加入蕃茄、高湯、月桂葉、紅椒粉和牛肉，燉煮40分鐘。
4. 將胡蘿蔔、馬鈴薯加入，繼續煮20分鐘至所有食材燉軟，最後加鹽、黑胡椒調味。

 烹調小秘訣

1. 燉肉時可不蓋鍋蓋，如此肉的腥味可隨熱氣散發，盡量選擇材質厚實的燉鍋，將鍋蓋打開慢慢燉煮。
2. 左圖中的小菜是火腿香蕉卷，做法可參照p.19。

材料（2～3人份）
牛肋條 300g.
洋蔥1/2個
蒜仁2瓣
胡蘿蔔1/2個
馬鈴薯1個
罐頭整顆蕃茄200g.
奶油1大匙
高湯（見p.11）400ml

調味料
月桂葉1片
紅椒粉1小匙
鹽、細砂糖、
黑胡椒適量

Stewed Ribs with Beetroot

甜菜根燉肋排

加入滿滿蔬菜料的甜菜根湯是我最愛的俄羅斯菜之一。這一次，我試著在這道傳統湯品中做了點變化，加入了很受歡迎的豬肋排，讓這道菜更加豐富，成為一道美味的主菜。

女主最佳
美容料理！

做法

1. 在前一晚先將豬肋排和醃料混合均勻，放入冰箱冷藏醃一晚。
2. 洋蔥、高麗菜和西洋芹菜都切成粗絲；甜菜根先橫切圓片，再切成1/4片；牛蕃茄汆燙，去皮去籽後切成丁。
3. 橄欖油倒入鍋中加熱，先放入肋排煎至兩面都上色，先取出，再加入奶油使其融化，然後放入洋蔥、高麗菜和西洋芹拌炒至變軟。
4. 再加入甜菜根、牛蕃茄、肋排、蕃茄糊和高湯，煮開後轉小火慢燉45分鐘至肉軟即可。

🥄 烹調小秘訣

1. 甜菜根的料理多以燉、煮為主，像俄羅斯名菜甜菜根湯就是，加上食材本身色澤鮮紅和略帶甜味，也常用在生菜沙拉或者直接打成汁飲用，既美味又營養。
2. 曾在生機飲食界掀起一陣旋風的甜菜根，又叫紅菜頭，目前在大一點的超市或傳統市場、網路宅配買得到。它那象徵大地生命能量的美麗紅色，是來自豐富的維他命和礦物質，尤其對女性和素食者的造血、補血有很大的幫助，可說是生機界的明星食材！

材料（2人份）

豬肋排1付
洋蔥1/4個
高麗菜50g.
西洋芹1支
甜菜根100g.
牛蕃茄50g.
橄欖油1/2大匙
奶油1/2大匙
豬肋排醃料
百里香1/4小匙
紅酒醋1小匙
蜂蜜1小匙
蕃茄糊1小匙
鹽、黑胡椒各少許

調味料

蕃茄糊 1/2大匙
高湯（見p.11）250ml
鹽、黑胡椒各少許

Caldo Gallego

加利西亞豬腳黃豆鍋

西班牙
Spain

這道來自加利西亞的豬腳湯，可算是西班牙料理的經典名鍋。
加利西亞位於西班牙北西部，在冷冽的寒冬，鍋中的豐富食材
足以讓人胃暖心暖一整夜。

燉一鍋料多濃稠
溫暖湯來

做法

1. 黃豆前一晚先泡水；豬腳去骨切大塊；馬鈴薯、白蘿蔔去皮切
   塊；油菜對切備用。
2. 黃豆濾去水分加入燉鍋中，將豬腳塊加入，加水蓋過，燉煮**60**
   分鐘。
3. 再加入馬鈴薯、白蘿蔔，繼續燉煮**30**分鐘。
4. 最後加入油菜煮約**5**分鐘即可，再以鹽、黑胡椒調味即可。

🍴 烹調小秘訣

這道西班牙燉豬腳，可直接買
現成的德式燻豬腳或台式蹄膀
回來燉煮，可縮短燉煮的時
間，若是生豬腳可以滾水先汆
燙或油炸過再料理。

材料（6人份）

黃豆150g.
煙燻豬腳1kg.
馬鈴薯200g.
白蘿蔔200g.
油菜（或芥蘭）150g.

調味料

鹽、黑胡椒適量

Asturian Stewed Beans with Sausage

亞斯都里亞黃豆燉香腸

西班牙
Spain

亞斯都里亞地處西班牙的北西岸，除了北方連接海洋，它的南
方更有一大片的山林資源，發展出富饒的畜牧業；這道料理在
西班牙早期的宗教戰爭中還史上有名，據說當時的天主教戰士
在對決回教摩爾人時，戰前的一餐就是這道燉菜。

有歷史的西班牙
傳統名菜

做法

1. 黃豆先泡水一晚；香腸切成約**2**公分厚度；豬肉切成約**3**公分大
   小；洋蔥切塊；蒜仁拍碎備用。
2. 橄欖油在燉鍋中加熱，先加入洋蔥、蒜仁爆香，再將豬肉與香
   腸加入拌炒，至豬肉表面變色即可。
3. 再將高湯及所有調味料（鹽除外）加入煮開，黃豆再加入燉煮
   1小時，最後加鹽調味即可。

 烹調小秘訣

1. 黃豆泡水後可直接用雙水搓
   去外皮。要讓黃豆煮得更鬆
   軟，可先加入少量蓋過黃豆
   的水煮5～6分鐘，讓黃豆完
   全泡開，再加入足量的水燉
   煮。
2. 這道西班牙傳統燉菜原本是
   用一種大白豆 (Fades)，你可
   以改用買得到的其他乾燥豆
   子。
3. 左圖中的小菜是蒜香羅勒蘑
   菇，做法可參照p.15。

材料（2～3人份）
黃豆200g.
香腸200g.
梅花豬肉200g.
橄欖油1大匙
洋蔥1/2個
蒜仁1瓣
高湯（見p.11）800ml

調味料
紅椒粉1小匙
月桂葉1片
番紅花1小撮
蕃茄糊1大匙
鹽適量

Fish in Saffron Stew

番紅花燉魚

最早使用番紅花的是古埃及人，埃及豔后與法老王將其當作香精，而一直到阿拉伯人才將番紅花引進西班牙應用於料理中，因為它香味特殊、色澤金黃和摘取費工，成為珍貴的香料。番紅花的主要產地在地中海沿岸與中亞，西班牙雖然不是產量最多的國家，但品質卻是最好的！

顏色絢爛的
西班牙經典料理！

做法

1. 魚洗淨後切塊；洋蔥切丁。
2. 將**1**大匙橄欖油倒入鍋中加熱， 先放入洋蔥炒軟，續入月桂葉、百里香、白酒和高湯煮開，再加入魚塊、麵包粉、杏仁香料醬煮約**20**分鐘至魚熟，關火，將魚塊先取出放入容器中。
3. 將檸檬汁、蛋黃加入湯中拌勻，再開火煮幾分鐘使醬汁變濃稠，即可搭配魚肉食用。盛盤時以橄欖切片、新鮮香草裝飾。

＊杏仁香料醬做法

1. 取1大匙橄欖油倒入鍋中加熱，放入稍切碎的杏仁炒香，放涼。
2. 番紅花 放入熱開水中，泡至顏色釋放出來， 放涼。
3. 將放涼的杏仁橄欖油、番紅花水、肉桂粉、蒜仁和一半的巴西里末，放入食物處理機或果汁機中打成泥狀，即成杏仁香料醬。

🥄烹調小秘訣

1. 製作杏仁香料醬時，如果量太少，可將材料全部放入研磨缽中，番紅花直接加入不需泡水，直接搗碎，即成杏仁香料醬。
2. 讓番紅花聲名大噪的當然非西班牙海鮮飯莫屬，此外義大利的燉飯及地中海沿岸、中亞印度的米飯料理都常見她的蹤跡，也多用於湯品及醬料中，如法國著名的馬賽魚湯；另外也可見於甜點、麵包，據說真正道地的阿拉伯咖啡也要加番紅花與豆蔻喔！

材料（2～3人份）

魚600g.
洋蔥1個
白酒60ml
高湯（見p.11）300ml
麵包粉2大匙
橄欖油1大匙

杏仁香料醬
橄欖油1大匙
杏仁25g.
番紅花1小撮
熱開水100ml
肉桂粉1/4小匙
蒜仁1瓣
巴西里末1大匙

調味料

月桂葉1片
百里香1小束
檸檬汁1大匙
蛋黃1個
橄欖少許

Fish Stew with Orange

柳橙燉魚

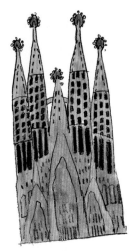

西班牙
Spain

這道料理原本是道西班牙的湯品，傳統名字是賽維亞橘子湯。我在配方中減少了湯汁，將它做成燉菜。賽維亞（Sevilla）是西班牙南部安達魯西亞的主要城市，12月耶誕時節是當地以酸苦出名的橘子成熟時，酸苦的味道很不適合直接當水果吃，所以大多調製飲料或入菜。

餐桌上的
西班牙之旅

做法

1. 魚去頭去尾後切塊；將少許白酒淋在魚肉，撒上少許鹽醃約**10**分鐘。
2. 取**1**個柳橙刨下的皮切成長條，剩下的柳橙和檸檬榨汁備用；蒜仁去皮拍碎；洋蔥切丁；蕃茄去皮去籽後切塊；馬鈴薯去皮後切成約**1**公分厚片。
3. 鍋中加入水、白酒和柳橙皮煮開，再將魚肉放入鍋中，以小火煨煮約**30**分鐘。
4. 橄欖油倒入鍋中加熱，先放入蒜仁、洋蔥炒香、炒軟，續入蕃茄、馬鈴薯拌炒，再加入之前煮魚的湯汁，續煮約**5**分鐘。
5. 加入魚肉燉煮約**10**分鐘，倒入柳橙汁、檸檬汁煮5分鐘，最後加入紅椒粉、鹽、黑胡椒調味，撒上些許蒔蘿即可。

材料（2～3人份）
白肉魚500g.
水400ml
白酒100ml
橄欖油1大匙
蒜仁3個
洋蔥1/2個
蕃茄1個
小馬鈴薯2個
柳橙2個
檸檬1個

調味料
紅椒粉1/2大匙
鹽、黑胡椒適量
蒔蘿（裝飾）少許

🥄 烹調小秘訣

1. 如果不喜歡魚肉帶骨帶刺，購買食材時，可先讓魚販去骨去刺，處理成魚排再分割切好。而肉的選擇，以肉質較紮實的白肉魚為佳。
2. 左圖中的小菜是涼拌軟絲，做法可參照p.24。

Stewed Tripe with Tomato & Sweet Pepper

蕃茄甜椒燉牛肚

西班牙
Spain

這是一道以牛肚、蕃茄、洋蔥等蔬菜一起燉煮而成的歐洲傳統菜，在西班牙、義大利等國家很常見。蔬果天然的甜味經過燉煮後與牛肚融合，小辣椒更發揮提味功能，讓這道菜口味更有層次。

在家享用道地的西班牙美食！

做法

1. 洋蔥切瓣狀，蒜仁切片，小辣椒斜切片；蕃茄汆燙後去皮，切大塊；紅、黃甜椒都切大塊，牛肚切塊。
2. 橄欖油倒入鍋中加熱，先放入蒜片、辣椒片爆香，續入洋蔥、蕃茄、甜椒稍微炒軟，再加入牛肚拌炒。
3. 加入湯和蕃茄糊煮開，然後轉小火燉煮**30分鐘**，至牛肚稍軟，最後再加入鹽、黑胡椒調味，並以新鮮香草裝飾即可。

＊滷牛肚做法

1. 牛肚在開水中加入半杯酒，用大火煮15分鐘，取出剪開成兩半，修剪內部油脂至平整。
2. 另燒10杯開水至滾，放下牛肚、紅椒、蔥、薑、八角、半杯酒、冰糖、醬油及五香包，大火煮滾後改中火滷煮1小時，取出五香包再續煮1小時，熄火燜到涼即可。

材料（2～3人份）

洋蔥1/2個
蒜仁2個
小辣椒1～2支
蕃茄2個
紅、黃甜椒各1/3個
橄欖油1大匙
高湯（見p.11）200ml
滷牛肚200g.
（自製材料如下）
牛肚1個、米酒1杯、水2,000ml、薑3片、蔥3支、紅辣椒1支、八角1個、冰糖1小匙、醬油1杯、五香包1個

調味料

蕃茄糊1大匙
鹽、黑胡椒各適量

烹調小秘訣

甜椒在搭配油脂炒過之後，最能提高人體對類胡蘿蔔素的攝取和吸收，所以先將甜椒炒過再燉，享受美食的同時更能攝取養分。

Potata & Olive Stew with Tomato Sauce

蕃茄橄欖燉馬鈴薯

蕃茄、橄欖都是地中海的國民食材，搭配這些食材，也讓原本平常的馬鈴薯增添不同的風味，連馬鈴薯都變陽光了！

吃飽又吃健康的低熱量主食

做法

1. 馬鈴薯去皮切大塊泡水備用；洋蔥切塊；蒜仁、辣椒都切末；罐裝蕃茄切丁。
2. 橄欖油在鍋中加熱，將洋蔥、蒜仁、辣椒、奧勒岡加入炒香，再加入馬鈴薯拌炒。
3. 再淋上白酒，加入蕃茄丁、黑橄欖、少許白醋與鹽，燉煮約**30**分鐘馬鈴薯熟軟。
4. 最後撒上切碎的新鮮巴西里，加鹽、黑胡椒調味，再燉煮**5～10分鐘**。

🥄 **烹調小秘訣**

燉煮馬鈴薯時加入少許醋可讓馬鈴薯顏色潔白、口感鬆軟，也可解馬鈴薯芽眼的毒；加鹽同煮則可讓馬鈴薯外形完整不易破碎。

材料（2～3人份）

橄欖油50ml
馬鈴薯400g.
洋蔥1個
蒜仁2瓣
小辣椒1支
白酒50ml
罐裝整顆蕃茄150g
黑橄欖8顆

調味料

乾燥奧勒岡1/2小匙
白醋、鹽、黑胡椒適量
新鮮巴西里60g.

希臘
Greece

Poached Rack of Lamb with Vegetable
蔬菜燉小羊排

一般的羊肉料理為了要去掉羊羶味，通常多用較濃厚的調味，不過小羊排本身肉質嫩、羶味也較淡，不妨試試這道簡單清爽的料理，藉由蔬菜的清甜、香草的芬芳帶出小羊排的原味。

倘佯在地中海
草地氛圍的料理

做法

1. 蒜仁切薄片，以銳利小刀將羊排刺開數個缺口，將蒜片插入缺口，取檸檬刨皮成末，和迷迭香、海鹽和25ml的橄欖油，在研缽中混合搗碎，將其均勻塗抹在羊排表面，放回冰箱醃一晚。

2. 小洋蔥、小馬鈴薯去皮，胡蘿蔔、芹菜和蒜苗切成約1公分小丁，將羊排和所有蔬菜放入燉鍋中，再加入高湯與月桂葉，大約燉煮45分鐘。

3. 將巴西里與蒔蘿葉切碎，加入鍋中再燉煮15分鐘，加鹽與黑胡椒調味，將羊排取出切片放入湯盤中，加上蔬菜湯，淋上橄欖油、檸檬汁，並以新鮮香草裝飾即可。

🥄 **烹調小秘訣**

如果自己沒有種植或買不到新鮮香草，可以乾燥香草代替，但因為乾燥的香草味道更濃郁，建議使用量減半。

材料（2～3人份）

蒜仁2瓣
整塊小羊排500g.
檸檬皮1個份量
迷迭香1束
海鹽1小匙
特級初榨橄欖油25ml
高湯（見p.11）500ml
小洋蔥120g.
小馬鈴薯60g.
胡蘿蔔60g.
蒜苗60g.
芹菜4支
月桂葉2片

調味料

鹽、黑胡椒各適量
巴西里1小把
蒔蘿1小把
檸檬汁1個份量
初榨橄欖油25ml

Olive & Lemon Simmered Lamb

橄欖檸檬燉羊肉

新鮮採收的橄欖非常苦澀，要經過費時的醃製過程才形成它特有的風味，這道希臘燉羊肉料理，除了橄欖，還加入檸檬皮、百里香，融合出不同層次的微苦與芬芳。

去油解膩開胃燉肉

做法

1. 將羊肉塊和各1/2匙的橄欖油、玉米粉、米酒拌勻醃1小時以上。紅洋蔥切瓣狀，蒜仁切片。
2. 再將羊肉沾上一層薄薄麵粉，橄欖油在鍋中加熱，先爆香紅洋蔥、蒜片再將羊肉煎至兩面微焦黃。
3. 淋上白酒稍煮，再加入高湯、百里香、檸檬絲燉煮1小時。
4. 加入綠橄欖、圓粒黑胡椒繼續燉煮20～30分鐘，或燉至肉軟，最後加鹽調味。

🥄 烹調小秘訣

綠橄欖若本身過鹹，可先用熱開水泡過。

材料（2人份）
羊腿肉4塊
（每塊約100g.）
橄欖油1/2大匙
（醃肉用）
玉米粉1/2大匙
米酒1/2大匙
麵粉少許
橄欖油1/2大匙
蒜仁2瓣
白酒75ml
高湯（見p.11）325ml
紅洋蔥1/2個

調味料
新鮮百里香4支
檸檬絲1/2大匙
綠橄欖100g.
圓粒黑胡椒、鹽適量

Moroccan Spiced Veal with Apples

摩洛哥香料蘋果燉小牛肉

摩洛哥
Morocco

摩洛哥由於地處北非貿易交通往來要地，也受過許多不同民族、文化殖民影響，因此它的料理也展現豐富與多樣性，其中阿拉伯人將許多香料與水果入菜的風格帶來摩洛哥；像小茴香、芫荽、番紅花，以及辣椒、乾薑、肉桂和紅椒粉都是摩洛哥廚房中的必備材料。

體驗北非風情
迷人薰香

做法

1. 先取半顆蘋果去皮切細丁，和少許橄欖油跟牛肉拌勻，放回冰箱醃一晚。
2. 取出牛肉片沾上一層薄麵粉，加熱一大匙橄欖油，將牛肉煎至表面微焦黃。
3. 洋蔥去外皮切瓣狀，蘋果去皮切瓣狀備用。
4. 利用鍋中剩餘橄欖油炒香洋蔥，再將高湯、牛肉和其他所有調味料、醃肉的蘋果泥醬都加入煮開，以小火繼續燉煮半小時至肉稍軟。
5. 最後再將剩餘切厚片的蘋果加入，續煮20分鐘至軟。

材料（2人份）
青蘋果2顆
橄欖油1大匙
小牛肉厚片4片
（每片約50g.）
麵粉少許
紅洋蔥1/2個

調味料
茴香粉1/2大匙
芫荽粉1/2大匙
肉桂棒1支
柳橙皮絲1/2大匙
高湯（見p.11）400ml

🥄 烹調小秘訣

1. 水果中的天然酵素可幫助軟化肉質，像是鳳梨、木瓜等都是很好的選擇，可在醃肉時加入或一起燉煮。
2. 左圖中的小菜是檸檬香草馬鈴薯，做法可參照p.17。

Mediterranean Fish Stew

地中海酸豆燉魚

燉魚或煮湯的魚可選白肉較適合，肉多且厚的魚也較適合久燉
入味！

摩洛哥
Morocco

酸香爽口的
鮮魚料理

做法

1. 洋蔥切塊，蒜仁切片；蕃茄氽燙去皮去籽，切塊備用。
2. 橄欖油在鍋中加熱，先將洋蔥、蒜片炒香，再加入蕃茄丁、綠
   橄欖拌炒。
3. 加入白酒、紅酒醋，蕃茄糊，奧勒岡、羅勒末等，再加入魚肉
   燉煮**30**分鐘。
4. 最後以細砂糖、鹽、黑胡椒調味後盛盤，火腿切成條狀，酸豆
   稍切碎，再以少許橄欖油炒香，和檸檬皮末撒在燉魚上，並以
   新鮮香草裝飾即可。

烹調小秘訣

1. 原產於地中海的酸豆（Caper）
   一般又稱續隨子、刺山柑，
   看起來像一粒粒綠色的小豆
   子，其實它是刺山柑的花
   苞，會開出白色或粉白色的
   花朵。刺山柑的花、果實與
   花苞皆可食，帶有清爽的香
   氣與酸味，自古以來在地中
   海地區就會以鹽或醋醃漬保
   存起來食用。酸豆常用於料
   理中的調味與醬汁，特別是
   搭配海鮮魚類料理。
2. 左圖中的小菜是蕃茄起司小
   卷，做法可參照p.25。

材料（2人份）

魚600g.
橄欖油1大匙
洋蔥1個
蒜仁2瓣
蕃茄丁200g.
綠橄欖6顆
火腿2片
酸豆1/2大匙

調味料

白酒60ml
紅酒醋1/2大匙
蕃茄糊1小匙
新鮮奧勒岡末1/2大匙
羅勒末1/2大匙
細砂糖1/2小匙
鹽、黑胡椒適量
巴西里末1大匙
檸檬皮末1小匙

Stewed Vegetables with Okra

秋葵燉菜

秋葵的營養價值比一般蔬菜來得豐富，它的黏稠汁液可保護胃
壁，卻也讓許多人不喜歡它的口感，以多種蔬菜搭配出這道色
彩、營養價值都豐富的料理，讓人更容易接受它。

*五色蔬果餐
健康零負擔*

做法

1. 秋葵切去蒂頭；馬鈴薯去皮切成約4公分寬1公分厚片；甜椒也
   切成約4公分的大片；洋蔥切大塊；罐頭蕃茄切碎連汁保留備
   用。
2. 橄欖油加熱，先炒香洋蔥，再加入其他蔬菜拌炒。
3. 再加入蕃茄丁與白酒醋燉煮20分鐘。
4. 最後加鹽、黑胡椒調味，拌入薄荷葉末即可。

🥄 烹調小秘訣

秋葵的外皮附有一層刺刺的絨
毛，特別是蒂頭附近的絨毛特
別粗硬，料理前可先用鹽搓揉
外表後用清水沖洗，再切去蒂
頭部分。

材料（2~3人份）

秋葵250g.
馬鈴薯250g.
茄子1支
黃、紅甜椒各1/2個
罐頭整顆蕃茄200g.
洋蔥1個
薄荷葉末1/2大匙

調味料

白酒醋50ml
特級橄欖油100ml
鹽、黑胡椒適量

Stewed Beef and Mushrooms with Mustard

第戎芥末燉洋菇牛肉

法國
France

傳統法國芥末醬有4種，但產於勃艮第的第戎 Dijon 芥末醬最為人熟悉，Dijon mustard 適合與各式食物搭配，其中又以肉類最適配。法式Dijon芥末醬是由去莢後的褐色芥菜籽製成，辣味較強，以特殊的香味在調理上占有一席之地，和羊肉、牛肉、豬肉的搭配十分契合，本道菜餚即以此醬汁調料作為基底。

香濃獨特的
法國風燉肉

做法

1. 牛肉切成約4公分大小，再沾上一層薄薄的麵粉；茭白筍切大塊備用。
2. 橄欖油在鍋中加熱，將牛肉煎至表面微焦黃，加入白酒、高湯、芥末、百里香，燉煮40分鐘。
3. 再將洋菇、茭白筍加入繼續燉煮20分鐘，最後將百里香取出，加入鹽、黑胡椒調味。

🥄 烹調小秘訣

1. 燉牛肉時牛肉不要切得太小塊，如此牛肉才不會收縮太多。
2. 洋菇又叫蘑菇，可用來煮湯，製作醬料或炒。選購時，以菇傘肉質肥厚的為佳。

材料（2~3人份）

牛肉300g.
麵粉30g.
橄欖油1/2大匙
白酒100ml
高湯（見p.11）150ml
洋菇150g.
茭白筍150g.

調味料

第戎芥末醬2大匙
新鮮百里香1大匙
鹽、黑胡椒適量

Mussels in White Wine

白酒燜淡菜

比利時
Belgium

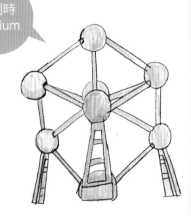

法國的美食王國封號震懾全歐，卻不要忽略了比利時這個美食小國，也有許多揚名國際的美食，巧克力、啤酒、淡菜（Mussel，又稱貽貝）便號稱是比利時的三大代表美食，其盛產的淡菜，肥大口味佳，在各種的烹調方式中以白酒燜淡菜最能品嘗其鮮美原味。

一口接一口的
吮指美味海鮮

做法

1. 淡菜清洗乾淨；洋蔥切丁；蒜仁切末；巴西里切碎；百里香去掉梗後取葉子；檸檬皮刨成末。
2. 橄欖油倒入鍋中加熱，先放入洋蔥、蒜末爆香炒軟，續入淡菜拌炒。
3. 淋上白酒，撒入香草末和檸檬皮末，加入適量的鹽、黑胡椒調味，蓋上鍋蓋燜煮約15分鐘。
4. 食用時，擠上新鮮檸檬汁，並以新鮮香草裝飾即可。

材料（2~3人份）

淡菜600g.
白酒150ml
洋蔥1/2個
蒜仁3個
橄欖油2大匙

調味料

新鮮巴西里末1½大匙
新鮮百里香末1/2大匙
檸檬皮1個份量
鹽、黑胡椒各適量
檸檬角適量

🥄 烹調小秘訣

1. 烹調料理用的白酒最好是用自己會喝的酒，較好的酒加在料理中也會有較好的風味，甜度低又不酸澀的白酒比較好，Sauvignon Blanc（白蘇維濃）或 Chardonnay（夏多內）都很適合。
2. 淡菜不適合烹調過久，才不會讓貝肉過於老硬。
3. 左圖中的小菜是鮭魚櫛瓜，做法可參照p.20。

摩洛哥
Morocco

Lamb Tagine with Almonds & Raisins

杏仁葡萄羊肉塔吉鍋

在沙漠地區由於水取得不易，所以塔吉鍋也因應而生，它的特殊尖錐鍋蓋，讓食材中的水分在料理時蒸發成水蒸氣，集中於尖錐頂部，再順著鍋蓋回流到食物中，達到少水料理的效果，更能將食材的風味與營養保留住。

羊肉與乾果的美妙邂逅

做法

1. 將羊肉塊和各1/2匙的橄欖油、玉米粉、米酒拌勻醃1小時以上。
2. 紅洋蔥切瓣狀，葡萄乾以熱開水泡軟，杏仁切碎，高湯加熱，番紅花泡入幫助出色。
3. 奶油、橄欖油加熱，入杏仁炒香，再加入羊肉煎至表面微焦黃，續加入洋蔥、葡萄乾拌炒，撒上肉桂粉與薑粉拌勻。
4. 將食材移入塔吉鍋中，加入番紅花高湯燉煮1小時，最後以鹽、黑胡椒調味，並以新鮮香草裝飾即可。

材料（2人份）

羊腿肉300g.
玉米粉1/2大匙
橄欖油1/2大匙
米酒1/2大匙
橄欖油1大匙
奶油1大匙
紅洋蔥1個
高湯（見p.11）200ml
葡萄乾1/2杯 (60g.)
杏仁（松子）1/4杯

調味料

肉桂粉1小匙
薑粉1小匙
番紅花1小撮
鹽、黑胡椒適量

🥄 烹調小秘訣

1. 為了讓羊肉更易煮軟爛，我先用玉米粉、油、酒醃過，不過回教國家禁止飲酒，因此正統摩洛哥料理當然也不可將酒入菜喔！
2. 左圖中的小菜是摩洛哥柳橙胡蘿蔔沙拉，做法可參照p.16。

Chicken Tagine with Apricot & Carrot

杏桃胡蘿蔔雞肉塔吉鍋

新鮮蔬果的取得與保存，在阿拉伯沙漠地區都不容易，因此在盛產時節會將多餘的水果乾燥製成果乾，也形成將這些水果乾加入料理中，補充蔬果不足的料理特色。

燉出蜜果
清香嫩雞

做法

1. 先將高湯加熱，番紅花泡入；杏桃乾加水泡軟；洋蔥切瓣；胡蘿蔔切約1公分厚片備用。
2. 橄欖油在煎鍋中加熱，先將棒棒腿外皮煎焦黃後取出，利用剩餘橄欖油先炒香洋蔥，再加入杏桃乾、胡蘿蔔拌炒。
3. 再將肉桂粉與薑粉加入拌勻，再將雞肉與蔬菜移入塔吉鍋中，加入番紅花高湯、蜂蜜，燉煮1小時，最後以鹽、黑胡椒調味，撒上香菜葉即可。

材料（2人份）
橄欖油2大匙
棒棒腿4隻
紅洋蔥1/2個
杏桃乾1/2杯
胡蘿蔔1根
香菜少許

調味料
肉桂粉1/2小匙
薑粉1/2小匙
鹽、黑胡椒適量
番紅花少許
高湯（見p.11）200ml
蜂蜜1/2大匙

 烹調小秘訣

雞肉買回來後要盡快處理，因為雞肉的氧化速度最快，容易變質與發臭，處理好的雞肉可淋上米酒放回冰箱，待料理時再取出，既可保鮮又增加美味。

Mexican Squid Stew

墨西哥風燉花枝

辣椒、玉米、蕃茄是墨西哥料理的三大主角，在這道料理中都到齊了，而這三種蔬果在保健食材中也是耀眼明星。

超過癮的
酸辣手香口感

做法

1. 洋蔥、芹菜都切成約1公分丁；蒜仁切末；小辣椒去籽切末；削下玉米粒；罐裝蕃茄切碎；花枝切條備用。
2. 橄欖油加熱，將洋蔥、芹菜、蒜末炒香，再加入高湯、蕃茄、玉米燉煮15分鐘。
3. 再將花枝、鮮奶油加入，繼續燉煮15分鐘，撒進辣椒末拌勻，加鹽、黑胡椒調味，最後放上香菜葉即可。

烹調小秘訣

1. 因為辣椒含有豐富的維生素C，因此在高溫烹調容易被破壞，不妨試試切碎生食，或在起鍋前拌入提味。
2. 玉米是中南美洲人的主食，和其他主食相較，玉米的維生素含量是米、麥的5～10倍，現今已被證實的50多種保健元素中，玉米就含有7種。不過如果不是自然有機栽培的玉米，料理前記得先切去玉米尾端3～4公分，那是農藥殘留最多的部位，然後再以滾水汆燙去除農藥。
3. 左圖中的小菜是酪梨鮮蝦蕃茄盅，做法可參照p.23。

材料（2人份）
橄欖油2大匙
洋蔥1/2個
芹菜1根
蒜仁2個
小辣椒2條
高湯（見p.11）100ml
罐裝整顆蕃茄300g.
玉米1支
花枝（或軟絲）300g.
鮮奶油60ml
香菜葉1大匙

調味料
鹽、黑胡椒適量

Chocolate & Spices with Chicken Stew

巧克力香料燉雞

古代墨西哥阿茲特克帝國以可可豆作為交易的單位，雖然經歷了西班牙300年的殖民，墨西哥依舊保存了部分印地安文化，尤其是啜飲巧克力的傳統和帶有民族風的烹調方式，其中以巧克力入菜是墨西哥美食的特色之一。

來自中美洲的
可可風味餐

做法

1. 紅腰豆先泡水一晚；洋蔥、青甜椒都切成約1公分丁；蒜仁、辣椒都切末；罐裝蕃茄切碎備用。
2. 紅腰豆加水煮軟，苦味巧克力切碎備用。
3. 橄欖油加熱，炒香洋蔥、辣椒、蒜末，加入三色椒拌炒，再加入蕃茄、高湯、茴香粉、肉桂粉、月桂葉燉煮20分鐘。
4. 再將紅腰豆與雞肉丁加入，繼續燉煮10分鐘，以適量鹽、細砂糖、黑胡椒調味，再拌入巧克力、香菜即可。
5. 食用時可搭配酪梨、洋蔥丁與酸奶油（或優格）。

材料（2～3人份）

紅腰豆70g.
橄欖油1大匙
紅洋蔥1/2個
蒜仁1瓣
青辣椒1個
黃、紅甜椒，
青椒各1/4個
罐頭整顆蕃茄200g.
雞胸肉丁200g.

調味料

茴香粉1/2小匙
肉桂粉1/8小匙
月桂葉1/2片
高湯（見p.11）50ml
鹽、細砂糖、
黑胡椒適量
苦味巧克力10g.
香菜葉2大匙
Topping（份量隨意）
酪梨丁
紅洋蔥丁
酸奶油

🥄 烹調小秘訣

1. 豆類含有難以消化的成分，許多人吃完容易脹氣，解決的方法是延長烹煮時間，將難以消化的成分破壞分解，使人體容易消化吸收。
2. 甜椒又叫彩椒，沒有辣味，常見的有紅色、黃色。不僅可用來做生菜沙拉，炒青菜，更可以燉煮。美麗的顏色讓料理更秀色可餐。

Stewed Chicken with Marsala

Marsala香料雞

Marsala酒是一種添加了些許蒸餾酒的**Fortify wine**（加烈葡萄酒），酒精度約**17～19%**左右，酒色呈琥珀色，口感厚實醇美。**Marsala**原是地名，位在義大利西西里島西部，氣候炎熱乾燥，追溯其釀造歷史，據說是**18**世紀時為了使葡萄酒不因長途運送而產生變質，於是在酒中添加白蘭地，意外促成了 **Marsala** 酒的誕生。本道菜餚即以此酒作為調味主軸。

散發醉人酒香
的義式燉雞

做法

1. 蒜苗切段，茄子、櫛瓜都切成約1公分厚片備用。
2. 橄欖油加熱，蒜苗加入炒香，再加入雞肉拌炒至表面變色。
3. 淋上**Marsala**酒，加入迷迭香、月桂葉、蕃茄、高湯，燉煮**40**分鐘。
4. 再加入茄子、櫛瓜、洋菇，繼續燉煮**20**分鐘，若湯汁還不夠濃稠，可加些麵粉，最後加適量鹽、黑胡椒調味。

🥄 烹調小秘訣

Marsala酒最常與雞肉料理搭配，另外由於它的口味香醇又帶甜味，也適用於搭配甜點，加在提拉米蘇中，可以讓提拉米蘇的味道變得更成熟，更濃郁。

材料（2～3人份）
橄欖油2大匙
蒜苗1支
雞肉塊500g.
茄子1個
櫛瓜1個
洋菇100g.

調味料
Marsala酒60ml
迷迭香1/2小匙
月桂葉1片
罐頭整顆蕃茄250g.
高湯（見p.11）150ml
麵粉少許
鹽、黑胡椒適量

India Vegetable Curry Pot

印度蔬食咖哩鍋

印度
India

咖哩在印度是一種料理方式，而非單一或特定的香料，所以每個印度媽媽都有自己的咖哩配方，在她瓶瓶罐罐香料圍繞的廚房一隅，像施展魔法般料理出一道道溫暖香濃的咖哩！

味道獨特的
南亞蔬菜料理

做法

1. 洋蔥切瓣狀；南瓜去皮切大塊；秋葵與玉米筍切去蒂頭備用。
2. 將奶油和沙拉油加熱融化，先炒香洋蔥，再將南瓜加入拌炒。
3. 再將椰奶、咖哩醬加入煮約**15～20分鐘**，南瓜稍軟即可加入其他蔬菜續煮**5~10分鐘**即可。

＊咖哩醬做法

將所有咖哩醬的材料放入果汁機中攪打均勻即可。

材料（2～3人份）

奶油1大匙
沙拉油1大匙
洋蔥1顆
南瓜200g.
秋葵100g.
玉米筍100g.
椰奶2大匙

調味料

鹽、黑胡椒適量
咖哩醬
原味優格（或酸奶）
75ml
杏仁粒25g
小辣椒1支
咖哩粉2 小匙

🥄 **烹調小秘訣**

秋葵與玉米筍都可生吃，因此在這道料理中最後才加入，特別是秋葵可仍保持鮮綠與口感。

Malaysian Lamb Curry

馬來西亞羊肉咖哩

馬來西亞
Malaysia

咖哩傳到東南亞後，當地料理常用的食材自然也融入咖哩中，像椰奶、魚露、蝦醬、香茅、羅望子等。而馬來西亞咖哩一般會加入芭蕉、椰絲及椰漿等當地特產，味道偏辣。

材料（2～3人份）

羊腿肉300g.
（切成約1公分厚、5公分寬）
沙拉油1/2大匙
玉米粉1/2大匙
米酒1/2大匙
水250ml
香茅1/2支
南瓜150g.
芭蕉150g.

調味料

蝦醬1小匙
椰奶60ml
鹽、糖適量
a.紅蔥頭3個、蒜仁2瓣、薑末1大匙、乾辣椒2支
b.咖哩粉1½大匙、小茴香粉1/4小匙、水1½大匙
c.沙拉油1大匙、肉桂棒1支、八角1個、小豆蔻1個、丁香1個

濃烈咖哩香
一吃上癮！

做法

1. 將羊肉塊和各1/2匙的沙拉油、玉米粉、米酒拌勻醃1小時以上。
2. 製作調味料a：將所有材料放入食物處理機打成泥。
3. 製作調味料b：將咖哩粉、小茴香粉和水調勻。
4. 製作調味料c：先將沙拉油在鍋中加熱，再加入其他香料，以小火煎2分鐘；再加入調味料a繼續拌炒2分鐘；最後加入調味料c再拌炒2分鐘。
5. 加入羊肉拌炒約5分鐘或羊肉外表變色，將水、香茅和蝦醬加入，燉煮1小時或至肉軟。
6. 再加入切大塊的南瓜、芭蕉，繼續煮20分鐘或所有食材燉軟。
7. 最後加入椰漿、鹽、糖調味，再燉煮5分鐘即可。

🥄 烹調小秘訣

購買帶骨的新鮮羊肉塊時，可以比較骨骼的粗細，通常骨骼越細的，表示羊的年齡越小肉質也更加柔嫩。

Green Curry Shrimp

泰式綠咖哩椰汁蝦

泰國
Thailand

嗜辣的泰國人當然連咖哩也一定要辣到底啦！泰國的咖哩主要
分成紅咖哩與綠咖哩：紅咖哩是加入了大量的乾燥紅辣椒，所
以是又紅又辣；綠咖哩則是加入新鮮的青辣椒，它的辣勁就稍
稍溫和些。

閒熱夏日裡最
下飯的料理！

材料（2～3人份）

蝦仁12尾

竹筍50g.

草菇50g.

椰奶250ml

高湯（見p.11）250ml

調味料

綠咖哩醬 1～2 大匙

檸檬葉2片

魚露1/2大匙

小辣椒末適量

九層塔葉1/4杯

香茅1支（裝飾用）

烹調小秘訣

1. 一般泰式咖哩中會加入泰國
   的小圓茄子，但若買不到這
   種茄子，也可以用台灣茄子
   代替。

2. 購買蝦仁時最好請魚販當場
   替你剝蝦殼，也可買帶殼蝦
   子回家自行處理，另一個去
   腸泥的方法：先將外表以清
   水洗淨再剪去蝦頭前端，放
   入滾水中煮5分熟即撈出剝去
   外殼，就可輕易除去腸泥。

做法

1. 蝦仁洗淨後以牙籤挑除背部腸泥；竹筍切塊；草菇對切。
2. 將椰奶、高湯和檸檬葉放入鍋中煮開，加入綠咖哩醬、竹筍煮
   約**10分鐘**。
3. 加入蝦仁、草菇煮熟，續入魚露、小辣椒末和九層塔調味，並
   以香茅裝飾即可。

日本
Japan

Pumpkin & Chestnut with Chicken Stew

南瓜栗子奶油燉雞

日本接受西洋文化開始得早，我們熟悉的日式炸豬排、可樂餅、咖哩飯等都是所謂的和風洋食，他們也愛在料理中加入牛奶、起司等奶製品，像這道燉菜就是典型做法，還加入當地常用的南瓜、栗子，就成了適合為寒冬儲存能量的溫暖料理。

材料（2人份）

去骨雞腿2隻
洋蔥1/4個
南瓜200g.
杏鮑菇100g.
剝殼栗子10顆
沙拉油1大匙
高湯（見p.11）250ml
鮮奶油30ml

調味料

鹽、黑胡椒各少許

用南瓜、栗子譜出
深秋和楓奏鳴曲

做法

1. 將雞腿、洋蔥、去了皮的南瓜和杏鮑菇都切成約3公分的塊狀。
2. 沙拉油倒入鍋中加熱，先放入雞腿煎至兩面都微焦黃，先取出，加入洋蔥炒稍軟，續入雞塊、高湯，煮開後轉小火燉約30分鐘至雞肉稍軟。
3. 先加入鮮奶油，再加入南瓜、栗子和杏鮑菇繼續燉約15分鐘，在南瓜軟熟前，若湯汁不夠，可再加入些許高湯或開水。
4. 加入調味料，煮至南瓜軟熟即可。

🥄 烹調小秘訣

燉雞時要在最後才加鹽調味，因為鹽具有脫水的作用，而雞肉本身含水分較高，若一開始就加鹽，燉熟的雞肉會又老又硬。

Stewed Fish with Plum Wine, Perilla, Burdock

梅酒紫蘇牛蒡燉魚

紫蘇富含礦物質、維生素,也具有驅寒、消除疲勞、解海鮮毒的功效,因此日式料理生魚片陪襯的紫蘇葉,是可搭配食用、具有實際作用的。所以魚鮮料理加入紫蘇葉調味,它的去腥效果可不輸給九層塔喔!

做法

1. 牛蒡以鐵刷或刀背將表皮刮乾淨後斜切片,泡水**30分鐘**去澀味;魚肉切塊備用。
2. 將高湯、梅酒和牛蒡放入燉鍋中,煮開後小火繼續燉半小時,或至牛蒡燉稍軟。
3. 將魚、梅子、紫蘇葉加入,續煮約**15分鐘**魚肉熟即可。

材料(2～3人份)

牛蒡200g.
魚400g.
紫蘇葉4片

調味料

梅酒50ml
高湯(見p.11)500ml
梅子6顆
鹽適量

淡雅微酸的
清爽滋味

🥄 烹調小秘訣

1. 牛蒡是長在地下的植物根,比較不需擔心農藥殘留的問題,由於皮具有豐富的營養,可以乾淨菜瓜布直接刷淨即可,泡水時加少許醋可方便去色和去澀味。
2. 燉煮魚湯時要加冷水,而且一次將水量加夠,中途不要再加水,才不會降低湯的鮮味。

Stewed Beef with Kimchi & Radish

泡菜白蘿蔔牛肉

冬天是白蘿蔔的當令產季，價格便宜風味又好，俗諺「冬吃蘿蔔夏吃薑，不勞醫生開藥方」，可見它的營養價值，也因此有土人蔘的美稱，它還是唯一含80多種MTBI芥末油成分（具有防癌的效果）的蔬菜，越辛辣的蘿蔔含量越高喔！

微辣的韓式燉肉
澆上白飯最香

做法

1. 牛肋條和白蘿蔔都切成約4公分塊狀，泡菜也切塊備用。
2. 牛肉塊放入滾水中汆燙去血水，和白蘿蔔、泡菜都放入燉鍋中，將高湯、米酒、韓式辣醬加入燉煮1小時或至食材燉軟，最後10分鐘再將醬油加入。
3. 若鹹味不夠再加入適量鹽調味。

烹調小秘訣

1. 牛肉切好後可放入冷水中泡1小時，讓肉變鬆更容易煮爛。
2. 白蘿蔔買回來後若沒有當天使用，可先將蘿蔔頭切去，裝入塑膠袋置於陰涼處或冰箱保存，如此可防止蘿蔔空心，損害食用價值。
3. 白蘿蔔去皮切塊後，可先放一旁風乾10分鐘，讓表面毛細孔張開後再來料理，可幫助白蘿蔔更入味。

材料（2～3人份）

牛肋條 300g.
白蘿蔔200g.
韓式泡菜200g.

調味料

高湯（見p.11）350ml
米酒2大匙
韓式辣醬1大匙
醬油1大匙
鹽適量

女性美容＆素食者
補充營養的好菜！

Stewed Yuba with Soya Bean Milk and Miso

豆漿味噌燉豆皮

說到味噌，就讓人聯想到日本。在這道日式燉菜中，我選用了口味較清淡的味噌，搭配營養爽口的無糖豆漿製作，是一道兼顧健康和美味的養生料理。將材料中的乾蝦米取出，就成了素食佳餚。

材料（2～3人份）
濕豆皮200g.
乾香菇8朵
新鮮綜合菇2杯
乾蝦米1大匙
高麗菜200g.

調味料
無糖豆漿150ml
高湯（見p.11）100ml
味噌1½大匙

做法

1. 濕豆皮分切成4小塊；乾香菇、乾蝦米分別放入水中泡軟；新鮮綜合菇洗淨；高麗菜切成稍微大塊。

2. 將豆漿、高湯和味噌放入鍋中煮開，加入全部材料，以小火燉煮約30分鐘，至湯汁收乾一半並且呈濃稠狀即可。

🍴 **烹調小秘訣**

乾香菇和蝦米都先以冷水沖淨表面，可先將菇蒂拔去再泡入溫水中，菇傘內側朝下浸泡，待香菇泡軟後即可；而蝦米則可用熱水加蓋浸泡半小時，泡完香菇、蝦米的水濾去泥沙後都可加入料理中取代部分高湯。

Stewed Duck with Taro

芋頭牛奶鴨

這是道有名的廣東煲鍋料理，在香港超受歡迎。菜中加入了牛奶燜煮，芋頭和鴨肉不僅軟滑，而且帶有濃郁的奶香，充分入味，是中式年菜的好選擇。

香港
Hongkong

做法

1. 芋頭削除外皮後切成大塊，可先炸過再燉煮，比較不易爛。鴨胸肉切約1公分厚；乾香菇放入水中泡軟；蔥切段。
2. 橄欖油倒入鍋中加熱，先放入薑片、蔥段爆香，續入香菇、鴨肉拌炒，拌炒至鴨肉變成白色。
3. 取出薑片和蔥段，濾掉多餘的鴨油，加入高湯煮開，然後轉小火燉煮1小時以上，或者至鴨肉煮軟。
4. 加入牛奶、芋頭燉煮約15分鐘，或者至芋頭鬆軟，最後再加入鹽、白胡椒調味即可。

材料（2～3人份）

芋頭1/2個（約200g.）
鴨胸肉 1付
乾香菇 6朵
薑片2～3片
蔥1支
橄欖油少許

調味料

高湯（見p.11）300ml
牛奶100ml
鹽、白胡椒適量

香滑軟嫩的
中式鴨料理！

🥄 **烹調小秘訣**

1. 芋頭是澱粉類食物，質地鬆粉且有特殊香氣。它的熱量只有米飯的九成，所含的膳食纖維非常高，大約是米飯的四倍，可以說是澱粉類的蔬菜。品嘗這一道菜時，以芋頭搭配鴨肉，不吃米飯也有飽足感。

2. 皮膚較敏感的人可帶塑膠手套處理芋頭，若不小心接觸引起皮膚搔癢，可先用肥皂徹底清潔，再以生薑片塗擦在皮膚表面即可紓緩。

part 3

經典燉飯

那米,
吸收了燉熬多時湯汁的精華,
飽含著多重層次食材的香氣,
濃郁、香軟、滑順……
咀嚼變成帶著微笑的幸福。
「我還能吃到這麼好吃的飯嗎?」
那飯,
潛藏在記憶深處給了烙印。

Red Wine Risotto with Beef & Eggplant

紅酒牛肉茄子燉飯

法國
France

紅酒燉牛肉是法國勃根第酒鄉的代表料理，紅酒的香醇融入慢燉的牛肉，這道料理我們讓米飯和紅酒融合，如果你剛好有一鍋紅酒燉牛肉，搭配這頓飯更是「香」得益彰！

吸飽牛肉汁
飯香茄更香

做法

1. 將牛肉切片，茄子去皮切丁，將高湯倒入小湯鍋煮開備用。
2. 橄欖油加熱，加入牛肉拌炒，淋上紅酒，牛肉炒半熟取出放一旁，接著加入茄子和米拌炒，加入少許高湯，待米吸收湯汁之後再分數次倒入高湯，再加入蕃茄糊，過程中須不斷攪拌以防黏鍋底。
3. 待湯汁濃稠飯熟即可加鹽、黑胡椒調味，並將牛肉拌入即可。
4. 可搭配以橄欖油、紅酒醋烤過的茄子片。

 烹調小秘訣

1. 在這道料理中，紅酒也是主要食材，所以喝剩的紅酒至少是要自己可以入口的，發酸走味的剩酒可不要糟蹋這道經典料理，酸而不澀、醇而不甜的紅酒當然是首選，像Cabernet葡萄種的紅酒就滿適合，而Merlot葡萄種的的紅酒因為略甜又帶果香較不耐久燉。
2. 左圖中的小菜是香腸香菇盅，做法可參照p.31。

材料（2人份）
高湯（見p.11）800ml
橄欖油1大匙
牛肉100g.
茄子1條
紅酒200ml
米200g.

調味料
蕃茄糊 1小匙
鹽、黑胡椒適量

Creamy Tomato Risotto with Shrimp

奶油蕃茄鮮蝦燉飯

原本偏酸的蕃茄醬汁，鮮奶油加入後揉合了蕃茄的酸味，讓這道鮮蝦燉飯有了更豐富的味道！

鮮蝦美味
凡人無法擋

做法

1. 先將高湯和白酒倒入小湯鍋煮開備用；蕃茄去皮切丁，蝦仁清洗去腸泥備用。
2. 橄欖油加熱，加入蕃茄丁拌炒，加入蝦仁炒熟取出放一旁，再加入米和新鮮香草拌炒，加入少許高湯，待米吸收湯汁之後再分數次倒入高湯，最後加入蕃茄糊和鮮奶油，過程中須不斷攪拌以防黏鍋底。
3. 待湯汁濃稠飯熟即可加鹽、黑胡椒調味，並將蝦仁拌入即可。

材料（2～3人份）

高湯（見p.11）800ml
白酒100ml
橄欖油1大匙
蕃茄丁200g.
米200g.
鮮奶油50g.
蝦仁12隻

調味料

新鮮巴西里末1/2大匙
新鮮百里香1/2大匙
蕃茄糊1大匙
鹽、黑胡椒適量

 烹調小秘訣

1. 燉飯起鍋前可加入一小塊奶油拌入，讓口感更香滑；若高湯加完飯仍未熟，可斟酌加些熱開水。
2. 煮義式燉飯時，米和高湯的比例約1:5或1:6，可視實際米飯熟軟程度增減高湯量。

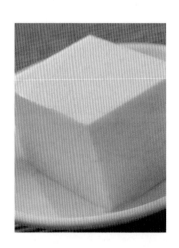

Tomato Cinnamon Risotto with Squid

蕃茄肉桂小卷燉飯

義大利
Italy

通常辛香料比較常跟肉類搭配料理，如果還能接受這一道西西里風
的重口味「香」「辣」燉飯，也可試試其他的辛香料──豆蔻、薑
黃……，更能增添不同的異國風味。

香噴噴小卷飯
讓你停不了口

做法

1. 罐裝蕃茄切碎，辣椒去籽切末，小卷切小段備用。
2. 先將高湯和蕃茄倒入小湯鍋煮開備用。
3. 橄欖油加熱，加入辣椒爆香，加入小卷炒熟取出放一旁，再加
   入米和肉桂粉拌炒，加入少許蕃茄高湯，待米吸收湯汁之後再
   分數次倒入高湯，過程中須不斷攪拌以防黏鍋底。
4. 待湯汁濃稠飯熟即可加鹽、黑胡椒調味，並將小卷拌入即可。

材料（2人份）
高湯（見p.11）800ml
罐裝整顆蕃茄200g.
橄欖油1大匙
大紅辣椒1根
小卷100g.
紅酒125ml
米200g.

調味料
肉桂粉1/4小匙
鹽、黑胡椒適量

 烹調小秘訣

加入燉飯中的高湯可加熱至
60℃左右，因為米中的澱粉質
吸收溫水後會糊化，可減少飯
熟的時間；若不是使用高湯而
是用清水時，也要記得先將清
水煮開再降溫至60℃，因為生
自來水中的氯會破壞米中的營
養成分，煮一般白飯時也是用
這方法。

White Wine Risotto with Field Mushrooms

白酒野菇燉飯

義大利
Italy

白酒野菇燉飯可算是義式燉飯的基本款，而散發深沉森林大地氣味的蕈菇，與來自大海柔嫩鮮甜的扇貝，恰恰形成強烈又和諧的對比。

奶油香飯搭
杏鮑菇最對味

做法

1. 先將高湯和白酒倒入小湯鍋煮開備用；蒜苗切片，杏鮑菇切長片備用。
2. 橄欖油加熱，加入蒜苗炒香，再加入米拌炒，加入少許高湯，待米吸收湯汁之後再分數次倒入高湯，過程中須不斷攪拌以防黏鍋底，待湯汁濃稠飯熟即可加鹽、黑胡椒調味。
3. 奶油放入鍋中加熱，將杏鮑菇片與扇貝加入煎熟，適量鹽、黑胡椒調味。
4. 將扇貝、杏鮑菇和燉飯搭配，食用時撒上九層塔與起司絲，擠上檸檬汁提味，並以新鮮香草裝飾即可。

🥄 烹調小秘訣

1. 一般食譜會建議不要清洗蕈菇，只要以紙巾將附著泥土擦掉即可，其實蕈菇的含水分極高，以水清洗對蕈菇的風味影響並不大，只是清洗後要盡速料理才不會變色。
2. 左圖中的小菜是巴西里蒜香淡菜，做法可參照p.27。

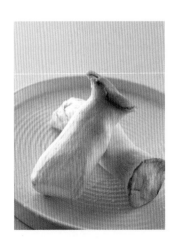

材料（2人份）

高湯（雞或魚，見p.11）
800ml
白酒200ml
橄欖油1大匙
蒜苗1/2支
米200g.
奶油1大匙
杏鮑菇1大支
扇貝 4個

調味料

鹽、黑胡椒適量
檸檬1/2個
九層塔少許
Parmesan 起司絲適量

Chestnut & Doufuru Risotto with Lamb

栗子腐乳羊肉燉飯

義大利+台灣
Italy+Taiwan

台式的羊肉爐料理，搭配羊肉的沾醬就是豆腐乳，我突發奇想將它們和義式燉飯結合，來場食物異想冒險吧！

歐風與台風結合的完美實驗

做法

1. 洋蔥切細丁，羊肉切片，迷迭香葉切末，將高湯倒入小湯鍋煮開備用。
2. 橄欖油加熱，加入洋蔥爆香炒軟，加入羊肉拌炒淋上紅酒，羊肉炒半熟取出放一旁，再加入米、迷迭香、腐乳拌炒，加入少許高湯，待米吸收湯汁之後再分數次倒入高湯，再加入栗子，過程中須不斷攪拌以防黏鍋底。
3. 待湯汁濃稠飯熟即可加鹽、黑胡椒調味，並將羊肉拌入即可。

材料（2人份）
高湯（見p.11）1,000ml
橄欖油1大匙
洋蔥1/4個
羊肉 100g.
紅酒50ml
米200g.
栗子8顆

調味料
新鮮迷迭香葉1/2小匙
腐乳1小匙
鹽、黑胡椒適量

 烹調小秘訣

栗子也是羊肉的好搭擋食材，它可以增添燉煮羊肉時的甜味，在起鍋前10分鐘加入烹煮即可，如此可保持栗子的完整形狀。

Paella Valenciana

瓦倫西亞海鮮飯

瓦倫西亞（**Valenciana**）是西班牙的主要米倉，也是西班牙飯的起源地，最早是農民下田工作時的簡便戶外午餐，一只平底鍋、米和菜園隨手取得的蔬菜、蝸牛、小魚、野禽，就在田間即時煮出一頓香噴噴又豐富的一餐，演變至後來，海鮮反而成為大家所常用的食材。

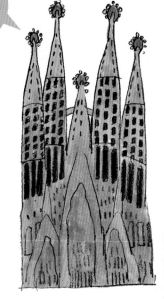

西班牙
Spain

伴隨番紅花香的華麗海鮮飯

做法

1. 高湯加熱，將番紅花泡入備用；洋蔥切丁，蒜仁切末。
2. 橄欖油在平底鍋中加熱，將洋蔥、蒜仁炒香，再加入蝦子、小卷拌炒，淋上白酒。
3. 將米和蕃茄糊加入拌炒至湯汁收乾，再加入番紅花高湯煮開，加適量鹽、黑胡椒調味，轉小火加上鍋蓋燜煮大約**20～30**分鐘至飯熟。

🥄 烹調小秘訣

1. 只要能掌握兩個重點，西班牙飯（Paella）是道簡單好做的料理，首先要選用平底有蓋的鍋子，再來就是適當的火候了；傳統的做法是在戶外的炭火上燉煮，若家中瓦斯爐的火力較強或集中，無法以溫火平均加熱整個鍋底，可不時移動鍋子讓米飯受熱平均，或是將整鍋放入烤箱中燉烤。
2. 煮西班牙飯時，基本上米與高湯的比例是1:2，但若湯汁收乾時飯仍未熟，可斟酌加些高湯。
3. 左圖中的小菜是聖地牙哥扇貝，做法可參照p.29。

材料（2~3人份）
高湯（見p.11）400ml
番紅花1小撮
洋蔥1/4個
蒜仁1瓣
橄欖油1大匙
蝦子12隻
小卷8隻
白酒2大匙
米200g.

調味料
蕃茄糊1大匙
鹽、黑胡椒

Spanish Vegetable Rice Pot

西班牙蔬菜燉湯飯

一鍋種類多樣的蔬菜湯飯，讓你在一天工作結束後補充豐富營養，米飯的澱粉質也提供適量的飽足感。

健康多蔬菜的
清爽飯食

做法

1. 茄子切片後撒上鹽靜置30分鐘，再用水沖去鹽分、瀝乾；蒜仁切末，洋蔥、甜椒和長豆都切丁，洋菇依大小切1/2～1/4備用。

2. 先取1大匙橄欖油加熱，加入茄子煎至表面微焦取出，再加入剩餘的1/2大匙的橄欖油加熱，先炒香洋蔥、蒜末，續入乾辣椒籽與紅椒粉炒香。

3. 加入茄子、甜椒、長豆、洋菇、黑橄欖、米拌炒，將高湯以鹽、黑胡椒調味後加入，燉煮20～30分鐘或熟軟，最後將巴西里加入再煮3分鐘即可。

 烹調小秘訣

1. 在米飯熟軟前若湯汁不夠，可斟酌補充適量熱高湯或滾開水，高湯的調味也要留心，因為米飯最後會吸收所有湯汁，味道也會更濃郁，因此初期高湯的調味要稍清淡，之後要補充高湯時也記得要先嘗過味道，不然生米煮成熟飯後就無法調整味道啦！

2. 左圖中的小菜是大蒜蝦，做法可參照p.22。

材料（2人份）

高湯（見p.11）600ml
茄子1條
洋蔥1個
蒜仁1瓣
紅、黃椒各1/2個
長豆100 g
洋菇50g.
黑橄欖10顆
米100g.
橄欖油1½大匙

調味料

乾辣椒籽1小匙
紅椒粉1/2小匙
巴西里2大匙
鹽、黑胡椒適量

Rice with Spicy Lamb / Kuzulu Pilav

土耳其香料羊肉飯

Pilav 是「米」的土耳其文，土耳其的米飯料理不像西班牙海鮮飯般華麗豐盛，而是走樸實路線，多樣的綜合香料搭配簡單的肉類或果乾、核果。

多層次香氣
令人口口驚豔

做法

1. 羊肉切成約**3**公分塊狀，洋蔥切細丁備用。
2. 奶油在鍋中加熱，先將羊肉加入表面煎微焦黃，再加入洋蔥炒軟，接著將米也加入拌炒。
3. 所有香料粉加入繼續炒香，再拌入蕃茄糊，最後將高湯加入燉煮**30**分鐘將飯燜熟。

材料（2人份）

高湯（見p.11）450ml
羊肩肉150g.
洋蔥1/2個
奶油1大匙
米150g.

調味料

豆蔻粉½小匙
香菜粉½小匙
紅椒粉½小匙
蕃茄糊1小匙

烹調小秘訣

1. 羊肩肉通常是帶骨也帶有許多油脂，可用來燒烤或燉煮用，另外像頸肉、中頸肉與胸肉都適合加水長時間烹調燉煮。
2. 左圖中的小菜是芫荽木瓜+椰絲香蕉，做法可參照p.18。

Pumpkin Risotto with Fetta & Crab

南瓜起司蟹肉燉飯

義大利 Italy

起司在義式燉飯中也是一個重要角色，它讓燉飯的口感更加濃滑，又增添馥郁的奶香味，這道燉飯除了起司王Parmesan起司，還有希臘的代表Feta起司。

飄散甜甜香氣的金黃色饗宴

做法

1. 南瓜去皮去籽切小丁，將高湯倒入小湯鍋煮開備用。
2. 橄欖油加熱，加入蟹肉拌炒淋上白酒，蟹肉炒熟取出放一旁，再加入南瓜和米拌炒，加入少許高湯，待米吸收湯汁之後再分數次倒入高湯，過程中須不斷攪拌以防黏鍋底。
3. 待湯汁濃稠飯熟即可加Parmesan起司末、鹽、黑胡椒調味，並將蟹肉拌入即可。
4. 盛盤時將Feta起司放在燉飯上即可。

烹調小秘訣

1. 魚貝海鮮的品質當然還是越新鮮越好，一般市場、超市賣的蟹腿肉容易縮水腥味又重，不嫌麻煩的可買新鮮活蟹回來處理，蒸熟或燙熟後再將蟹肉取出料理。
2. 左圖中的小菜是鮪魚焗南瓜，做法可參照p.21。

材料（2人份）
高湯（見p.11）750ml
橄欖油1/2大匙
蟹肉100g.
白酒50ml
南瓜250g.
米200g.
Parmesan 起司末2大匙
Feta起司75g（切小丁）

調味料
鹽、黑胡椒適量

Baked Pesto Rice with Chicken & Vegetable

羅勒蔬菜雞肉焗飯

新鮮的九層塔有著微微的青草苦味與辛辣味，反而能襯托出味道較溫和的雞肉與杏鮑菇，即使和濃濃的起司搭配也毫不遜色。

濃濃起司香味
藏不住！

做法

1. 將雞肉與杏鮑菇切成約**2**公分粗丁備用。
2. 橄欖油加熱，加入洋蔥、蒜末炒香，再加入雞肉拌炒，接著加入杏鮑菇繼續炒至雞肉和菇都熟。
3. 加入高湯、白飯拌炒至湯汁收乾，再加入鮮奶油與青醬拌炒，取部分起司絲拌入，加鹽、黑胡椒調味。
4. 將飯倒入耐烤瓷盅，表面鋪滿起司絲，送進已預熱**200**℃烤箱烤約**10**分鐘，至表面金黃微焦，並以九層塔葉裝飾即可。

＊青醬做法

將1大匙的蒜末和3大匙的九層塔葉末，放入果汁機或食物調理機攪打，邊打邊緩緩加入100ml的橄欖油，打成泥狀，拌入起司粉即可。

烹調小秘訣

1. 羅勒由於其獨特香氣，在歐洲香草王國中早有「香草之王」的封號，而台灣熟悉的九層塔和羅勒本是同種植物，只是亞洲版的九層塔香味更濃郁，羅勒具有鎮靜殺菌的作用，挑選時選擇葉片沒有褐、黑色斑塊的，開花後葉片的纖維開始老化，而未開花的花苞則可食用。羅勒在烹調過程中香味易喪失，因此適合在料理最後加入增加風味。
2. 左圖中的小菜是塔香蕃茄沙拉，做法可參照p.14。

材料（1人份）

高湯（見p.11）200ml
橄欖油1/2大匙
洋蔥末2大匙
蒜末1小匙
雞胸肉100g.
杏鮑菇50g.
白飯200g.
比薩起司絲1/2杯

調味料

青醬1大匙
鮮奶油2大匙
鹽、黑胡椒適量

Stewed Pasta with Sausage & Vegetable

義大利香腸蔬菜燉麵

義大利
Italy

雖然以健康的角度而言，應該先從容易消化的蔬果類吃起，再來是
澱粉與蛋白質食物，不過有時就喜歡將所有食材煮成一鍋，又豐富
又方便省時。

火腿香腸讓
通心麵活起來！

做法

1. 將香腸、火腿、洋蔥、蒜苗、芹菜、胡蘿蔔都切成約**2公分**粗丁，蒜仁切末備用。
2. 橄欖油加熱，加入香腸、火腿煎至表面微焦黃，將香腸、火腿取出備用。
3. 再將所有蔬菜加入拌炒，放入百里香、高湯燉煮**20分鐘**。
4. 加入義大利麵、香腸、火腿繼續燉煮**10～15分鐘**至麵熟，加鹽、黑胡椒調味，吃的時候再淋上特級橄欖油與陳年酒醋，並以新鮮香草裝飾即可。

烹調小秘訣

管狀或粗短形狀的義大利麵由於表面積較大容易吸附醬汁，因此除了搭配醬汁濃稠的義大利麵料理，其他像是燉菜、湯或沙拉，甚至甜點都可運用。

材料（2人份）

高湯（見p.11）500ml
橄欖油1大匙
香腸200g.
燻火腿100g.
洋蔥1個
蒜苗1支
蒜仁1瓣
芹菜1支
胡蘿蔔1個
蕃茄丁200g.
百里香1小束
義大利短粗狀麵50g.

調味料

鹽、黑胡椒適量
特級橄欖油1大匙
義大利陳年酒醋1大匙

part 4
經典燉湯

困倦疲憊的時候，
你需要一碗溫暖又料多味美的好湯；
天冷體虛的時候，
你需要一碗祛寒又滋補養生的熱湯……
你真的很需要~
熱呼呼冒著白煙的一碗湯。
暖胃的同時也溫暖了你的心。

Apple Soup

奶油蘋果湯

羅馬尼亞
Romania

這道湯來自生產豐富蔬果的羅馬尼亞，融合了不同蔬果的香甜風味，是道清爽又濃郁的湯 ； 為了不影響蔬果的風味，因此選擇口味較淡的沙拉油和雞、蔬菜高湯來料理。

馥郁的香氣來自
蘋果提點

做法

1. 將白蘿蔔、胡蘿蔔去皮切丁，芹菜、青椒切丁，蕃茄去皮去籽切丁。
2. 沙拉油加熱，將所有蔬菜丁拌炒5分鐘至稍軟，將高湯加入燉煮45分鐘。
3. 再將去皮去核的蘋果切丁，加入湯中繼續煮15分鐘。
4. 麵粉與鮮奶油調勻後，邊攪拌邊緩緩加入湯中，最後加入所有調味料調味即可。

材料（2人份）

雞高湯（見p.11）750ml
白蘿蔔1/3個
胡蘿蔔1支
芹菜1支
青椒1/3個
蕃茄1個
青蘋果2大個
沙拉油1大匙
麵粉1大匙
鮮奶油50ml

調味料

細砂糖1小匙
檸檬汁10～15ml
醋1小匙
鹽、黑胡椒適量

🥄 烹調小秘訣

1. 胡蘿蔔的分解酶會破壞其他蔬果的維生素C，所以當胡蘿蔔跟其他蔬果一起料理時可加些醋，就可將維生素C的破壞減至最低。
2. 蘋果加入料理時，不妨選擇較酸且果肉脆硬的品種，口感風味都較佳。

Chowder Soup with Calm & Corn

蛤蜊巧達湯

法國
France

巧達湯的名字源自於法文**Chaudiere**，是道奶味濃郁的湯，它的傳統
材料有魚肉海鮮和玉米或其他蔬菜，也因為它的肉容豐富與濃郁，
也可當作一道主菜。

愛上奶香濃稠
的口感

做法

1. 蛤蜊加入魚高湯中煮，蛤蜊殼稍開即可取出，將蛤蜊肉取出備
   用。
2. 馬鈴薯去皮切丁，加入高湯中煮軟，放涼後倒入果汁機中打
   勻，再倒回湯鍋中，加入鮮奶油、牛奶、玉米粒煮開。
3. 最後加入蛤蜊肉加熱**3**分鐘，以鹽、黑胡椒調味，撒上巴西里
   即可。

🥄 烹調小秘訣

1. 巧達湯中的蛤蜊也可以其他
   的海鮮貝類代替，如淡菜、
   干貝、蝦仁、蟹肉、魚肉都
   是不錯的選擇，雞肉也可搭
   配，吃素的朋友可選擇一些
   脆硬有口感的蔬菜替代，如
   蘆筍、竹筍、茭白筍、毛豆
   或其他豆類及菇類。
2. 一般料理中加的鮮奶油都是
   不甜的動物性鮮奶油，植物
   性的鮮奶油除了含糖，也適
   合打發用在蛋糕甜點。

材料（4人份）
魚高湯（見p.11）250 ml
蛤蜊20顆
馬鈴薯300g.
鮮奶油50ml
牛奶200g.
罐頭玉米粒100g.

調味料
鹽、黑胡椒適量
巴西里末少許

French Onion Soup

法式洋蔥湯

在巴黎的一處果菜批發市場，半夜運送蔬果來市場的幾位工人，收工後飢腸轆轆，但附近的餐廳早已打烊，只見一間餐廳還有燈光，大夥敲了門表明來意，但老闆無奈地表示所有食材都賣光了，一名工人拿出了外套口袋隨手留下的幾顆洋蔥，老闆做出了洋蔥清湯，再將僅剩的麵包片和乳酪加入湯，一起放進還沒熄火的烤箱，於是………

萃取洋蔥精華
的精緻湯品

做法

1. 洋蔥切細絲，蒜仁切末備用。
2. 奶油加熱，將洋蔥、大蒜以小火炒軟至焦糖色。
3. 將月桂葉、百里香和高湯、白酒加入鍋中，熬煮半小時；若喜歡較稠稠的湯可將麵粉調少許冷開水攪拌加入。
4. 加適量鹽、黑胡椒調味，搭配烤過的起司麵包片。

烹調小秘訣

切洋蔥時總讓人流淚，將去皮切半的洋蔥浸泡冷水中10分鐘後再切，或是挑把較鋒利的刀切，都可讓你少流些淚。

材料（4人份）
高湯（見p.11）1,000ml
白酒125ml
奶油25g.
洋蔥2顆
蒜仁1瓣
麵粉20g.

調味料
月桂葉1片
百里香1束
鹽、黑胡椒適量
麵包4片
比薩起司絲50g.

Bouillabaisse

馬賽漁夫海鮮湯

馬賽海鮮湯起源於法國的馬賽漁港，據說是當地漁夫捕魚歸來之後，利用滯銷的漁獲，在港口邊烹煮的一種可以填飽肚子的料理，湯內通常會包含一些不同的貝殼類與魚塊，還有當地蔬菜，再加上香草與辛香料如蒜頭、橘子皮、小茴香及番紅花等來提味。原始版本裡用的多是一些較差的魚鮮，所以通常是喝湯不吃魚肉，但後來為了吸引觀光客，才推出豪華版，連龍蝦都登場了！

法國
France

汁鮮味美的
絕讚海鮮總匯

做法

1. 先將海鮮處理乾淨，魚切去頭、尾、鰭，將魚肉塊去骨切大塊，另將切下來的頭尾等部分和**250ml**的熱開水放入鍋中煮**15**分鐘，瀝出魚湯，將番紅花泡入湯中備用。
2. 蕃茄去皮去籽切大塊，洋蔥切瓣，蒜苗、芹菜切斜段，蒜仁切末；橄欖油加熱，將洋蔥、蒜苗、芹菜、蒜仁加入炒軟，再加入蕃茄、柳橙皮、小茴香籽、番紅花高湯加入燉煮30分鐘。
3. 將蝦、蛤蜊等其他海鮮加入煮5分鐘，再將魚肉加入續煮5分鐘，最後加入蕃茄糊、茴香酒再煮5分鐘，以鹽、黑胡椒調味即可，搭配法國麵包食用。

烹調小秘訣

1. 煮魚湯時要將食材放入煮開的滾水中，如此食材會隨開水滾動，才不會因為都聚集在鍋底黏鍋且魚湯又有腥味。
2. 製作西式魚湯時可加入幾滴牛奶或啤酒，可以讓魚肉更白嫩，魚湯味道更鮮美。
3. 需要去除內臟或繁複處理的海鮮，可請魚販幫忙。

材料（2~3人份）

綜合海鮮
（魚、蝦、蛤蜊）800g.
水250ml
蕃茄120g.
洋蔥1/2個
蒜苗1支
芹菜1支
蒜仁1瓣
橄欖油1大匙
法國麵包適量

調味料

番紅花1小撮
柳橙皮1/2個份量
小茴香籽 (Fennel seeds)
¼小匙
蕃茄糊1/2大匙
茴香酒
(Anise-flavored liquor) 1
小匙
鹽、黑胡椒適量

Provence Vegetable Soup with Pesto Sauce

普羅旺斯青醬蔬菜湯

法國
France

一般的鄉村蔬菜湯都以蕃茄為湯底，而這道普羅旺斯蔬菜湯則
呈現更單純的蔬菜原味，只在最後以羅勒醬汁提味。

鄉間農家廚房
的即興小品

做法

1. 將胡蘿蔔、馬鈴薯、南瓜都去皮，茄子、秋葵切成約1½公分丁備用。
2. 先將胡蘿蔔、馬鈴薯和高湯燉煮15分鐘，再將南瓜、茄子、秋葵加入繼續煮15分鐘。
3. 最後加鹽、黑胡椒調味，舀1大匙青醬加在湯上，撒上些新鮮香草。

烹調小秘訣

馬鈴薯與茄子切好都要先浸泡在冷水中，一方面可去除它們切面產生的苦澀黏液，也可防止切面變色。

材料（2~3人份）
高湯（見p.11）500ml
胡蘿蔔50g.
馬鈴薯50g.
南瓜50g.
茄子50g.
秋葵50g.
橄欖油1/2大匙

調味料
鹽、黑胡椒適量
青醬1大匙
新鮮香草1小把

Sopa Castiliana

西班牙大蒜湯

大蒜本來就是讓人非愛即恨的東西，這道湯來自西班牙中部LA
MANCHA，是個貧瘠的地區，也是小說人物唐吉訶德的故鄉；
這道食材簡單風味卻濃郁的湯，在那夏天毒熱冬天酷冷的所
在，無異也是個療癒人心的料理！

西班牙
Spain

熱熱的大蒜湯
精力100分！

做法

1. 橄欖油加熱，以中小火將去皮的蒜仁煎至金黃，先取出放一
   旁；再將麵包雙面煎金黃取出備用。
2. 利用剩餘的油將紅椒粉、小茴香炒香，加入高湯和蒜仁，以木
   匙背面將大蒜壓碎，繼續煮5分鐘。
3. 加鹽、黑胡椒調味，並將麵包剝大塊泡入湯中。
4. 將湯分裝到2個烤碗中，分別打入一個蛋，放入已預熱200℃的
   烤箱烤3分鐘使蛋熟，撒上巴西里末即可。

🥄 烹調小秘訣

用烤箱可輕鬆煮出形狀漂亮的
蛋包，但若家中沒烤箱，當然
可將蛋包以直火煮，或是直接
打成蛋花也隨個人喜好！

材料（2人份）
牛肉高湯（見p.11）500ml
橄欖油1大匙
大顆蒜仁2顆
鄉村麵包2塊
紅椒粉1½大匙
小茴香1/8小匙
蛋 2個

調味料
鹽、黑胡椒適量
巴西里少許

Moroccan Chickpea & Lamb Soup

摩洛哥雞豆羊肉湯

雞豆又稱鷹嘴豆或埃及豆，它的營養價值豐富，對於長期吃素的人，是很好的營養補充品，只要將羊肉與蔥蒜以其他蔬果代替，就是另一道蔬食湯品。

一道讓你吃飽喝足的秋賣湯品

做法

1. 乾雞豆泡一整晚，羊腿肉、洋蔥切成約2公分塊，蒜仁切末，蒜苗切斜段備用。
2. 橄欖油加熱，將羊肉表面炒微焦黃，再將洋蔥、蒜仁炒香，加入香料粉拌炒2分鐘，再加入蕃茄丁、雞豆、高湯燉煮1小時至肉軟。
3. 然後加鹽、黑胡椒調味，續入蒜苗再煮5分鐘，最後撒上香菜葉即可。

🥄 烹調小秘訣

1. 害怕羊肉騷味的人，還可試試另一種料理方式，那就是先將羊肉與等比例的水，再加入20：1的醋，一起煮至水滾後再將羊肉取出備用，就可繼續之後的烹調。
2. 雞豆也稱雪蓮子，在販賣進口食材的超市或有機商店都可買到，選購時以豆身大且飽滿，色澤淡黃有堅果香味的品質較佳。

材料（4人份）
高湯（見p.11）500ml
乾雞豆80g.
橄欖油1/2大匙
羊腿肉塊400g.
洋蔥1/2個
蒜仁1瓣
蕃茄丁400g.
蒜苗125g

調味料
肉桂、薑黃、薑粉各1/4小匙
鹽、黑胡椒適量
香菜葉2大匙

Beef Borsch

羅宋湯

俄羅斯
Russia

在俄羅斯早年戰爭時期，飢餓的士兵行經一處小村莊，要求村民提供食物充飢，連自己溫飽都有困難的村民，只有勉強各自從家中取出所剩不多的食材，將湊出的食材都切成小丁煮成一鍋大雜燴湯——據說是這道湯的由來。

醇厚的肉湯與
消脂的蕃茄最互補

做法

1. 牛肉切成約**2**公分大小，洋蔥、胡蘿蔔、馬鈴薯、牛蕃茄去皮切成約**2**公分大小，芹菜、高麗菜也切塊備用。
2. 牛肉在熱水中汆燙去血水，橄欖油加熱，加入洋蔥炒香，加入牛肉、月桂葉、蕃茄糊和高湯燉煮1小時至肉軟。
3. 再加入其他蔬菜繼續燉煮20分鐘，加鹽、黑胡椒調味。

烹調小秘訣

羅宋湯基本上就像一鍋大雜燴什錦湯，因此除了它的湯底是以高湯加蕃茄為基底外，其他加入的食材都可選些當季耐煮的蔬菜替代，牛肉也何嘗不可換冰箱中現有的肉類。

材料（3～4人份）
高湯（見p.11）750ml
牛肋條200g.
洋蔥、胡蘿蔔、馬鈴薯
各1/4個
牛蕃茄2個
芹菜1支
高麗菜1/10個(約50g.)
橄欖油1/2大匙

調味料
月桂葉2片
蕃茄糊2大匙
鹽、黑胡椒適量

Spicy Seafood Soup / Tom Yum Koong
泰式酸辣海鮮湯

泰國的酸辣湯名列世界三大名湯之一，原始版本的湯料是只有鮮蝦，現在喝到的多是綜合海鮮，泰式料理雖然重口味，但都取材自新鮮香料，料理方式又少油，也難怪當地少見胖子啦！

刺激味蕾的
香辣開胃湯

做法

1. 海鮮清洗處理乾淨，香茅、南薑切斜片，紅蔥頭切片，蕃茄去皮切塊，辣椒去籽切段備用。
2. 沙拉油加熱，加入香茅、南薑、紅蔥頭炒香，倒入高湯煮15分鐘。
3. 再加入辣椒膏、檸檬葉、辣椒熬煮5分鐘；續入海鮮煮熟，最後以魚露、檸檬汁調味即可。

烹調小秘訣
泰式料理中的醬料與香料在一般大型的超市通常看得到，另外東南亞朋友聚集地區的商店當然也找得到。

材料（2～3人份）
高湯（見p.11）500ml
沙拉油1/2大匙
綜合海鮮250g.
香茅1根
南薑5cm
紅蔥頭1個
蕃茄1個

調味料
泰式辣椒膏1大匙
檸檬葉2～3片
小辣椒2～3根
魚露1大匙
檸檬汁1大匙

Chicken Coconut Soup / Tom Kah Kai

泰式椰奶雞肉湯

泰國
Thailand

這道湯來自泰國北部，在泰國可是和酸辣湯並列兩大國民湯品，雖然也加了大量香料，但和椰奶融合後卻另有一番辛香但溫厚的風味！

酸甜的椰汁雞湯
配飯也好吃

做法

1. 雞胸肉切長條，草菇對切，香茅斜切段，辣椒去籽斜切片備用。
2. 將香茅、檸檬葉、南薑加入高湯中，以中小火慢慢煮開。
3. 再將雞肉、草菇、辣椒、椰奶加入煮約**5分鐘**或肉熟，加入魚露、檸檬汁調味即可。

烹調小秘訣

1. 處理雞胸肉或是購買切條雞胸肉時，要先將表面白膜去除再剔除肉筋，可用刀背將較厚的部分敲打，讓肉質更柔軟，分切後淋上少許米酒、鹽拌勻，放回冰箱備用，可幫助雞肉更軟嫩與去腥。
2. 高良薑（Galangal）又稱良薑、南薑、藍薑，為東南亞與廣東料理常用之香料植物。

材料（2人份）

高湯（見p.11）200ml
椰奶200ml
雞胸肉100g.
草菇10個
香茅1根
檸檬葉4片
南薑4片
辣椒1條

調味料

魚露1小匙
檸檬汁2大匙

Seafood Soup with Kimchi & Tofu

泡菜豆腐海鮮湯

韓國
Korea

泡菜應該是韓國料理餐餐出現的基本食材吧？除了當小菜開
胃，不論炒菜、年糕、煮湯和煎餅都少不了它。

大冷天來一鍋
溫心暖胃好料湯

做法

1. 洋蔥切瓣狀，蕃茄去皮去籽切塊，中卷切段，豆腐切成約3公
分大小塊狀備用。

2. 麻油加熱，先炒軟洋蔥，再加入蕃茄拌炒3分鐘，接著加入韓
式辣醬、辣椒粉炒香。

3. 將高湯、泡菜、豆腐加入燉煮15分鐘，最後加入所有海鮮、金
針菇煮5分鐘，待海鮮熟即可，加適量鹽、糖調味，撒上蔥末
即完成。

材料（4人份）

高湯（見p.11）800ml
洋蔥1/2個
蕃茄1個
鮮蝦8隻
中卷200g.
蛤蜊12顆
麻油1大匙
泡菜100g.
板豆腐2大塊
金針菇1把
蔥末2大匙

調味料

韓式辣醬2大匙
韓式辣椒粉1小匙
鹽、糖適量

🥄 烹調小秘訣

選購泡菜時可先觀察菜葉是否
有灰褐色斑點，即可辨別製作
時的白菜品質。泡菜製作發酵
時間過長，則形成過多的酸，
隨之泡菜變酸，風味也較差。
大約在2～7℃溫度下發酵2~3
周的泡菜味道最新鮮，此時的
營養價值也最高。開封後也要
盡快吃完，若放久變酸的泡菜
可做成泡菜湯或火鍋。

國家圖書館出版品預行編目資料

STEW異國風燉菜燉飯：跟著味蕾環遊世界家裡燉／
金一鳴著──初版.──台北市：朱雀文化
面；公分. ──（Cook50；123）
ISBN 978-986-6029-18-9（平裝）
1.食譜

427.1

Cook50 123

STEW異國風燉菜燉飯
跟著味蕾環遊世界家裡燉

作者	金一鳴
美術設計	潘純靈
編輯	貢舒瑜
行銷編輯	呂瑞芸
企畫統籌	李橘
總編輯	莫少閒
出版者	朱雀文化事業有限公司
地址	台北市基隆路二段13-1號3樓
電話	02-2345-3868
傳真	02-2345-3828
劃撥帳號	19234566 朱雀文化事業有限公司
e-mail	redbook@ms26.hinet.net
網址	http://redbook.com.tw
總經銷	成陽出版股份有限公司
ISBN	978-986-6029-18-9
初版四刷	2016.02
定價	320元
出版登記	北市業字第1403號

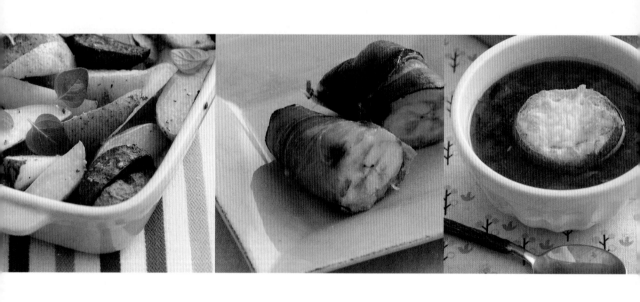